新 プラモデルで見る
世界の戦車史

AFV History of the World

「著」　　　　　　　　雄
「監修」　　　　　　　博
「協力」　　　JAMES
「編集」　　　竹中　求

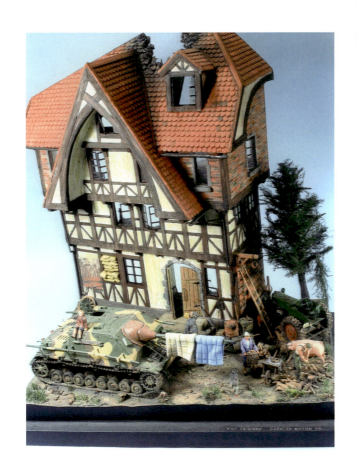

大日本絵画

目次

はじめに　　　　　　　　　　　　　　　　　　　　　　　　　　　3

第1章……………………………………………………………………4
戦車時代の曙　　1. 戦車以前の装甲車達　　　2. 陸上戦艦の出現
　　　　　　　　3. 第一次大戦後の豆戦車　　4. 近代戦車への歩み
　　　　　　　　5. 新兵器、戦車の実験場　　6. 東欧他小国の戦車隊

第2章…………………………………………………………………38
電撃戦　　　　　1. フランス侵攻電撃作戦　　2. フランス侵攻時の連合軍

第3章…………………………………………………………………65
熱砂の死闘　　　1. イタリア軍戦車隊　　　　2. 砂漠の独軍（DAK）
　　　　　　　　3. 砂漠のイギリス軍部隊

第4章…………………………………………………………………93
太平原の激突　　1. 大戦後期のドイツ軍偵察部隊と装甲兵員輸送車
　　　　　　　　2. ティーガーI重戦車
　　　　　　　　3. 大戦後期の独軍自走砲　　4. ドイツ軍工兵隊

第5章………………………………………………………………132
戦車王国ソ連　　1. T-34中戦車　　　　　　　2. ソ連重戦車
　　　　　　　　3. ソ連軍中・重自走砲　　　4. ソ連軍軽戦車
　　　　　　　　5. ソ連軍軽自走砲　　　　　6. ソ連軍輸送部隊

第6章………………………………………………………………146
連合軍の反攻　　1. 大戦後期のイギリス軍車輌
　　　　　　　　2. アメリカの参戦（アメリカ軍戦車）

第7章………………………………………………………………171
日本帝国陸軍　　1. 日本軍戦車
　　　　　　　　2. 日本軍軽戦車と装甲兵員輸送車

第8章………………………………………………………………192
ドイツ帝国の終焉 1. 大戦後期のドイツ軍戦車　2. ティーガーII重戦車
　　　　　　　　3. ドイツ軍駆逐戦車　4. 鹵獲戦車　5. ドイツの同盟軍
　　　　　　　　6. 対空戦闘車輌　　　　　　7. 最後の試作戦車

第9章………………………………………………………………228
戦後の戦車　　　1. アメリカ軍　2. イギリス軍　3. ドイツ軍
　　　　　　　　4. フランス軍　5. イスラエル　6. 陸上自衛隊　7ロシア軍

第10章……………………………………………………………266
湾岸戦争とその後の各国軍戦車　　　　　1. イラク軍車輌
　　　　　　　　2. 多国籍軍の車輌　　　3. その他の国々の戦車

あとがき……………………………………………………………287

はじめに

文・笹川俊雄

　この世界に新兵器として、戦車が誕生してちょうど100年経つ。装甲戦闘車輛(AFV)は時代の科学進歩を取り入れ多くの車輛が考え出され発展して来た。一方、米国で現在の形のプラモデルが販売されてから70年。日本でもプラモデルが作られてから60年になる。AFVプラモの頂点に立つ田宮社が精密な1/35MM(ミリタリー)シリーズを出してから50年。私のAFV模型作り始めと一致する。私のジェームズコレクションの作品群はJAMESに寄贈して下さった方々の作品を含め1000点に達し「プラモデルで見る世界の戦車史」として自費出版し刊行した。それでも戦車史を語るに必要な戦車模型は十分ではなかった。そこで、AFVファンのバイブルであり戦車史を的確に記した「戦車メカニズム図鑑」上田信氏(グランプリ出版)の戦車すべてを本書に登場させたいと考えた。

発売されていない模型については、一部スクラッチ(SC)することから始め、習作を積んでからフルスクラッチ(FSC)を重ねて、この図鑑に載っているすべての各国戦車を作り終わった。さらに最もファンの多いドイツ戦車の必携本「ジャーマンタンクス」富岡吉勝氏訳(大日本絵画)に紹介されているドイツ戦車模型のほとんどを網羅した。私の作れそうにない車輛については、JAMES会員諸兄に造って頂いた。現在2300点(AFVだけでも2000、1/35のみ)に達した。模型のみならず、資料についてもJAMES会員のご協力に改めて御礼申し上げる。

　本書の目的は三つ有る。一つは人類が英知を傾けて求め続けた究極の陸戦兵器、戦車の進化を模型で提示し、読者と共に戦車史を考えてみたかった点にある。実際に間近でこの鋼鉄獣に接するとその大きさと、長大な砲いかなる場所を踏破するキャタピラ、鎧のようなぶ厚い装甲、それらの芸術的な迫力に酔い痺れる。酔い醒めしないために個人所有したくとも不可能なことである。そこで模型によって戦車の歴史をひもとくことを目的にJAMESコレクションを始めたのである。

二つ目は、戦車のプラモデルをつくることによって、視覚的に戦車自体に内蔵されている機能を判断することもできる。実際、実車では見ることが困難な車体上面、装甲の傾斜角、サスペンションや砲の装備状態など模型に教えられることは多い。1/35にスケールを統一することにより大きさも簡単に比較できる。そして何より模型だからこそ、所有し、ゆっくり鑑賞でき、戦車の凄味を堪能することができるのである。

　三つ目の本書の目的は、撮影した戦車プラモデルを見る童心の感覚で楽しんでいただきたかったことにある。このため個々のの戦車のデータは主機能だけにとどめ、戦史を簡潔に記した。

　併せて、同時期に活躍したAFV(自走砲、装甲車)を紹介している。

　「新プラモデルで見る世界の戦車史」では前著「プラモデルで見る世界の戦車史」で紹介した車両(作品)はほとんど除外し、戦車史を語るに必要な車両のみにとどめている。この20年間に私が制作した各社の新キット及びスクラッチ作品を中心に載せている。

私の作った作品以外の寄贈作品については作者名を入れ敬意と謝意を表している。ページの都合上、1車両に対して2カットまでしか入れられなかったので、さらに多くを見たい読者のために未収納車両写真のすべてをDVDに収めているので資料として役立せて頂ければ、私の望外の幸せとするところです。

◎リストは、名称、発売会社、成形材質の順に記載している。
　成形材質と製作法の略号については下記に解説しておく。
　inj＝インジェクションプラスチックキット　RK＝流し込みレジンキャストキット
　Mtl＝ホワイトメタルキット　Ep＝エッチングパーツ
　Fsc＝フルスクラッチビルド(完全自作)　+Sc＝スクラッチビルド(一部追加自作)
　Con＝コンバージョンキット(部分レジンキット利用)
　Vf＝バキュームフォームキット(特記ない限り、ドイツ、シュミットモデルバウ製品)

本分中の略称
AFV(Armored Fighting Vechicle)
　＝装甲戦闘車両
T/M(Tank Museum)＝戦車博物館

JAMES　コレクションにて

第1章　戦車時代の曙

　1914年7月、第一次世界大戦が勃発した。ドイツ、オーストラリア、ハンガリー、トルコを中心とした枢軸側と、フランス、イギリス、ロシア、アメリカ等連合国側が激しくぶつりあったが、両軍の戦力にそれほどの差がなかったために戦線は膠着状態に陥った。特に西部戦線ではお互いに強固な塹壕線を幾重にも築いて、連日砲銃撃を繰り返していた。

　1916年7月1日から始まったソンムの戦いでは攻勢を掛けたイギリス軍が、ドイツ軍陣地7kmを取った見返りに6万名の戦死傷者を出すという損害を蒙った。開戦から2年目のことである。

　ソンムの会戦において、膠着した戦況を打破するため新兵器の運試しのチャンスが訪れた。新兵器は初陣が大切といわれる。それは敵がその効果、その実態を知らないからである。新兵器の出撃は9月15日早朝であった。イギリスから送り込まれた49両のMk.I戦車が攻撃開始地点へと出発したが早くも17両が故障し、32両で攻撃を開始する。塹壕の中に落下し動けなくなるもの5両、エンジン故障9両、そして敵砲弾による被害と、次々に脱落していった。敵陣を突破できた戦車はわずか9両であった。その戦車は損害に見合ったものとは言い難かったが、それでもドイツ軍に与えた精神的ダメージは大きく、数kmに及ぶ戦線の突破と1,000人もの捕虜を得たのであった。こうしてソンムの戦いで誇大な噂とともに登場した「戦車」は、どのよう発案されたのだろうか。

　第一次大戦初期のベルギー戦線で海軍装甲車部隊を運用した経験を持つイギリス海軍大臣ウィンストン・チャーチルは、装甲車よりさらに強力な新兵器を夢見ていた。彼はイギリス陸軍スウィントン中佐の「鉄条網を突破し、荒れ地、塹壕を越え、敵の砲弾に耐える機械」計画を支持し、陸軍が反対するならばと、海軍において作らせたのであった。1915年12月チャーチルの夢とスウィントンの構想があいまって、陸上艦(ランドシップ)「マザー」戦車が完成したのである。この戦車の開発を秘匿するために、海軍工場ではこの機械をその形から「タンク」と呼んだが、これが戦車の語源になってしまった。車体の外板をボイラー用軟鉄板から鋼板に変えた世界初の量産戦車Mk.Iは、重量30t、全長8m、幅4m、武装は75mm砲2門、機銃3挺(雌型では機銃5挺)、最高速度わずか5km/hであった。サスペンションは無く、中央に105馬力のガソリンエンジンが置かれた。通信手段はなく、伝書鳩が9人目の乗員であった。振動がひどく居住性も劣悪な車体であったが改良が重ねられ、Mk.IV、Mk.V戦車となって大戦を連合軍の勝利に導いたのである。

　1917年11月20日、エルス少将率いるイギリス軍のMk.IV戦車476台が難攻不落のヒンデンブルグラインに突入した。これが戦車集団の集中運用の威力を世界に示したカンブレー戦である。この奇撃攻撃でドイツ軍戦線を15km突破しドイツ軍第5師団は全滅、捕虜8,000人という大戦果をわずか12時間で収めたのであった。

　イギリスの戦車Mk.Iが発注された時期に、フランスでもエスティエンヌ砲兵大佐の手により戦車が設計され、シュナイダー社によって開発が進められていた。それは、Mk.Iの完成より、わずかに遅れること3ヶ月であった。シュナイダー戦車の初軍は1917年4月16日ジュビニーであった。160両が出撃し、待ち伏せたドイツ軍野砲のために118両を損失、攻撃は失敗してしまっている。

　ドイツ軍でもイギリス戦車が戦場に現れるのと同時に戦車の開発を進め、ジュビニー戦頃にはA7V戦車を出撃させている。1918年4月24日、ヴィレー・ブルトーヌに於いて、イギリス・ドイツ両軍の戦車による世界初の戦車戦が行われた。Mk.IV雄型3両とA7V.3両が交戦したが、戦車兵が操縦技

術に習熟しているMk.IVがA7V.1両を撃破、2両を後退せしめ、イギリス戦車に凱歌が上がった。

　この戦車戦の1ヶ月後、1918年5月31日フランス・ルノー社で、現代戦車の元祖ルノーFT17軽戦車が登場する。これまでの戦車と違い、旋回砲塔、完全なサスペンションを備え、さらに優れていることは乗員室とエンジン室を完全に区分したことであった。戦闘能力と走行能力を高め、さらに乗員を操縦手と砲手の二人のみに削減した。これらの画期的な設計は現代の戦車にも受け継がれるものとなった。

　カンブレー戦とルノー戦車の出現は世界中の人々に戦車の威力を知らしめ、各国陸軍はこの新兵器に着目、研究を開始した。ルノー戦車の性能と形状は「戦車とは何か？」という定義を導き出すものとなったのである。即ち、戦車とは、

1.キャタピラ(無限軌道)により移動する。
2.防禦用装甲を持っている。
3.火砲を360度回転可能な砲塔に装備する(またその砲塔上面はオープンではない)

以上の三つの条件に加えて現代では戦車とは、敵の主力戦車を積極的に攻撃できる戦闘車両であるといわれている。本書では、戦車の歴史を追うとともに、その時代に戦車とともに活躍したほかの戦闘車両(AFV)および軍用車両(MV)もあわせて模型で紹介している。

MKIVメイル(タミヤ/inj)＆MKIVフィメイル(エムハーinj)
　実戦に登場した世界初の戦車は、砲を装備したタイプ(メイル)と機銃のみ装備した(フィメイル)の2種が開発された。

1. 戦車以前の装甲車達

　1902年、イギリスのF.R.シムスが世界初の装甲車を開発したが、実際に戦場で活躍できる旋回砲塔を持った装甲車は1908年、フランスで開発されたシャロン装甲車であった。この装甲車の出現以降、ヨーロッパ各国は競って、装甲車開発合戦を展開した。

シャロン装甲車（JMGT/RK）
　この砲塔は旋回のみならず、上下動が可能であった。弾帯部が出ているが、この時代の重機関銃はやけに大きく、張り出しているのが常であった。キットは10数点のパーツだけの簡単なものであった。
仏製、帝政ロシアに売却され、使用されている。

オースチン・ケグレス装甲車の走行機構に注意。

オースチン・ケグレス（パチロフ）**装甲車**
　　　（JADAR/RK+EP）　後列左側
　世界最初のハーフトラック足廻りを使った仏製装甲車。帝政ロシア軍ではパチロフ装甲車とよばれた。キットは足廻りにEPを使い、うまく表現している。
A-8(D-8)スカウトカー　（ビッグM/inj）
　　　　　　　　　　　　　　前列左側
　ロシア軍最初の軽装甲車。かなりいい加減なキットで、機銃は2挺の内1挺(Mtl)しか入っていず、車体下部は車軸のみ。
フォードTC＆機銃車　（RPM/inj）　右側
　2両ともポーランドがT型フォードに手を加えた車両である。キットのパーツ数は少なく簡単であった。

独軍騎兵(アンドレア／Mtl)
　第一次世界大戦は塹壕戦で有り、機銃、迫撃砲と毒ガスが有効で有った。ここに毒ガス戦をイメージさせるフィギュアが有る。防毒マスクを被った独軍騎兵フィギュアである。

英軍ロールスロイス装甲車　ロールスロイスMKI装甲車(ローデン/inj)
　1920年製のMKIをキット化している。内部はドライバー席まで再現されている。内部は余り良い出来ではないが、外形は良いキットである。デカールはアフリカ戦線初期に使用された砂漠用が入っているのでそれに従った塗装とした。

ブッシングA5P重装甲車(コマンダーズ/RK＋EP(ガリレオ出版 上田雅文社長よりの寄贈)
　資料が少なく詳細は不明であるが、実車は1915年に製造され、重量10.5t、装甲厚7.5mm、砲塔は回転せず、車載重機5挺の武装である。キットは3分割むくのレジン製、ライト、ホイールのみの簡単な組み立てとなっている。重機は余り良くないので他より転用、完成車体は1/35で全長22cmにもなる。

伊軍ランチアIZ装甲車(KMR/RK)
左側＆仏製マグブロウ装甲車(コマンダーズ/RK)
　第一次大戦中に開発され、マグブロウ装甲車は大戦後、ロシアに売却された。

7

2. 陸上戦艦の出現

　第一次大戦の膠着した斬壕戦を打破するために、鉄条網を突破し斬壕を越える兵器として、イギリス陸軍スウィントン中佐が発案した陸上艦(ランド・シップ)が出現した。世界最初の戦車は、砲塔を持たない自走砲型式の菱型戦車であった。6ポンド砲塔載のMk.Iメイル(雄)と機銃のみ装備したフィメイル(雌)の両型式が作られ、1916年7月1日ソンム会戦に初投入された。3ヶ月遅れてフランス軍もシュナイダー戦車を製作し、1917年4月16日、ジュビニー戦に登場させている。

MKVIタドポール （エムハー/inj）　後列
　第一次大戦後の英軍戦車、長大な車体に、後部には迫撃砲も搭載、キットは簡単に出来上がったので、実車にあるように目玉を描いてみた。
MKV （インテルス/inj）　　　　　右側
　同じく大戦中の英軍戦車、戦後ロシアに売却された。キットは前時代のキット部品で完成度は悪い。ロシア軍と英軍のデカール付き。
LKII軽戦車 （MRモデル/RK）　前列中央
　戦後スウェーデン軍に引き渡された戦車を模型化。パーツ数10数点と少ない。塗装はムンスターT/Mと同じく、スウェーデン軍塗装とした。
MKB　ロシア軍仕様 （パンツァーショップ/RK）　　　　　　　　　　左側
　MKVと同様車両。キットも同じく大昔のレジンキット。合いは悪い。デカールも悪く、溶けてしまったので他より流用。

MKVI タドポール （エムハー/inj）

LKII （MR/RK）
第一次世界大戦末期に開発された独軍最初の軽戦車であった。

A7V戦車(タウロinj)
　ドイツ最初の戦車である。この当時の戦車の通信手段は伝書鳩であった。写真の模型には乗員が伝書鳩を放さんとするフィギュアを付けている。キットにはサスペンションが再現されているが、完成すると全く見えなくなるのが残念。

シュナイダー戦車(ホビーボス/inj)
　イギリス軍のMk.I戦車にわずか数ヶ月遅れて戦場に投入されたフランス軍最初の戦車。サスペンション(完璧ではないにしろ)を有していた。キットはややスケールダウンだが、まあまあの仕上りに作ることが可能。

ルノー-FT軽戦車　機銃付&TSF無線車(KMR/RK)
　旋回砲塔を装備し、エンジンを乗員室と区分したレイアウトは画期的であった。さらに、通信手段として無線を取り付けた最初の無線指揮車も開発された。無線指揮車にはカモフラージュ(迷彩)塗装がなされていたが、その車両を忠実に再現してみた。

サン・シャモン突撃戦車　初期型（タコム/inj）&後期型　（FSC 笹川作）右側

　1916年に仏サンシャモン社にて400両が生産され、実戦投入された。ソミュールT/Mにて実測、撮影、作り上げた。実車は重量23t、75mm砲×1、機銃4挺、乗員9名、装甲厚11.5mm、速度はわずか8.5km/hであった。防毒ガスマスクを付けた兵が搭乗しているのがタコム製。

フィアット2000重戦車
(FSC 笹川作)

イタリアで最初に作られた戦車であり、1918年フィアット社のベンチャービジネスとして開発され、4両のみ製作された。実車は重量40t、37mm砲×1、機銃6挺、装甲20mm、速度7.4km/h、乗員10名である。主砲塔は歯科用レジンで作り、副砲塔はアルミ・キャップ（仮クラウン）より製作した。

マークⅠ60pd自走砲　　（パンツァーコンセプト/RK＋Mtl）

　1917年に製造され、MKⅡ60pd野砲は降ろしても使用出来るように車輪が両側に付き、車載砲下部にレールがしかれ、小ホイールで可動する。砲を降ろすと車体は弾薬輸送車、ワッヘントレーガーとなる。

　このキットも全長30cmにもなる巨大な自走砲である。エンジンはかなりおおざっぱで、全く見えなくなるので作らなかった。弾薬の収納ボックスは無く、両サイドデッキ上に積み込む。

Mk.Aホイペット(アキュリットアーマー/RK)

　Mk,Ⅳ戦車の鈍足を補うべく計画された快速戦車であった。しかし快速といえどもわずか13km/hであった。キットは大変素晴らしい出来。エムハー/injからも出ている。

3. 第一次大戦後の豆戦車達

第一次大戦後の不況と軍縮の嵐の中で、各国の戦車は安価で、単純な豆戦車(タンケッテ)の時代へと突入する。この先鞭を付けたのがヴィッカース・カーデンロイド軽戦車であった。タンケッテは不況のため予算不足に悩む各国政府と陸軍の妥協の産物といえるが、多くの国で採用された。このタンケッテの流れはカーデンロイドの流れを引くもの、ルノーFT軽戦車をまねたもの、ヴィッカース6t軽戦車の足廻りを流用したものの3種類がある。筆者としては、かわいらしくて、人間味あふれ一番興味を引かれる時代の戦車である。

モーリス・マーテル・タンケッテ （FSC 笹川作）　左側
　1926年、英軍マーテル少佐が自費開発したタンケッティ（豆戦車）の元祖。二人乗り

カーデンロイドMKⅡタンケッテ（FSC笹川作）　右側
　カーデンロイドの一人乗り戦車。数台しか作られなかった試作車。形態が面白く作ってみた。

ヴィッカース・カーデンロイドMKⅣ （FSC 笹川作）　右側
　タンケッテ時代の幕明けを作った英国軽戦車のFSC。機銃はスケール・リンク(Mtl)のヴィッカース水冷機銃と銃架セットを使用。

T-27タンケッテ　（パーツ/RK+EP）
　ソ連製タンケッテ。キットはほとんどEP、わずかに車体下部、ライト、ホイール、機銃のみRK、車体上部組立、キャタピラの連結のEP曲げは細かい作業が多くベテラン向き。

カーデンロイドMKⅣB(CV29) （ブランチモデル/RK）
　1928年製造のカーデンロイドMKⅣの輸出版である。詳細は「J-タンク」を参照されたい。日本でも海軍陸戦隊が4両輸入し、上海事変に参加している。キットはイタリア軍が輸入しCV29と称した車輌で、伊軍のデカールが入っている。

ルノーFT化学戦闘車　（RPM/inj）
　ポーランド軍がルノーFT軽戦車車体を利用し、毒ガス散布車(中和剤車?)とした5両を模型化。キットには導管がないので自作が必要。

T-18M30　（TVA/inj）
　旧著にて紹介したアエル社車体はそのままに、実車同様、砲塔のみ改造したキット。

T-18 4.5cm砲塔搭載型 （三浦正貴氏FSC）
　T-18(TVA)キットを利用、ミラージュ社T-26のサスペンションを使用した三浦氏の快心作。2003年の東京AFVコンテスト、スクラッチ部門準優勝作。

フォード3t(M1918)軽戦車
（FSC 笹川作）
　米国最初の戦車として1918年に15両が完成。重量3.1t、機銃1挺、乗員2名ながら最高速度は12.8km/h(ルノーは7.7km/h)製作には実車同様ルノーFT(RPM社/inj)から作り出している。
M1917軽戦車 左側
（ルノーRPM＋SC笹川）
ルノーのコピー版で砲塔のみSC

ルノーNC27(乙型)軽戦車 （FSC　笹川作）
　ルノーFT軽戦車の改良型であり、1927年より輸出用として製造され、日本でも上海事変勃発で不足した89式戦車の代用として10両輸入された。輸入車はオチキス機銃搭載砲型であった。日本軍では数両を3.7cm狙撃砲に換装している。

ヴィッカース6tE型MKA(双砲塔型)フィンランド軍仕様ミラージュ/inj
ヴィッカース6t軽戦車(双砲塔型)は日本でも試験的に1両輸入されたが、ロシアではT26A型(31年型)として多数作られている。これをフィンランド軍仕様(「フィンランド装甲部隊」1918-1989大日本絵画参照)に作ってみた。

**ヴィッカースMKⅡ軽戦車(ADV/RK)
左側同水陸両用戦車(CAMS/inj)**
イギリス・ヴィッカース社の6t軽戦車 よりさらに小さな豆戦車であり、武装は機銃のみの歩兵支援用戦車であった。ADV製品にしては出来が悪く、細部はかなり自作した。

ルノーAMR33(NKC/RK)&ルノーUE(UMR)機銃車(ミラージュ/inj)
AMR33はフランスが第一次大戦後、最初に作った軽戦車。機銃1挺のみを持つタンケッテである。キットはかなり軟質のレジンからなり、作りにくいが細部までよく再現されている。UEもよく出来たキットである。

ヴィッカース6tE型MKB軽戦車　中国軍仕様（フェアリー企画/RK）　土居雅博氏ディオラマ

4.近代戦車への歩み

　イギリス陸軍フラー将軍が提唱した戦術理論——装甲戦闘車両が戦場を縦横無尽に走り廻り支配する機動戦——を逐行するために、1924年に近代戦車の元祖ヴィッカース中戦車が作られた。この戦車には完璧なサスペンションが付けられ、時速24km、行動範囲は150kmもあった。また、車体下部まで覆った装甲板、前方エンジン室という、当時としては大きく防禦が考慮された戦車であった。12tの車体に、2ポンド砲と4挺の機銃が装備され、後には(Mk.II)無線機を増設している。ルノーFT軽戦車ですら時速8km程度、わずかな行動範囲に比べると格段の進歩であった。ヴィッカース中戦車に見られる戦車設計の三原則である高速走行、安定走行(のためのサスペンション)、防禦力の後世に与えた影響は大きなものがあった。

ヴィッカースMk.II中戦車(Fsc笹川作)とロールスロイス装甲車(KMR/Rk)熱帯地仕様型(筆者作ディオラマも)

　ディオラマは英軍休息所で、ヴィッカース中戦車マフラー上のシチュー鍋から食事を取っている兵士と、「何をもたもたしている、早く出撃せよ！」と怒っている将校、それを見上げる売店の薄気味悪い商人という設定である。両車とも第二次大戦初期まで使われたベテラン。ヴィッカース戦車のマフラー上に鍋をセットする装備があったという面白さを表現してみた。キャタピラのみタミヤ製マチルダIIより流用したフルスクラッチであり、一番苦労したのはりベットの多さであった。

ヴィッカース MkIII（FSC 笹川作）&**ヴィッカース MkIA**（ホビーボス /inj）後列
最初から無線を備え、指揮型としたのがMkIIIである。実車は生産コストと重量オーバーのため数台の生産に終わった。図面は「MechanisedForce」Dauid Flether著HMSO社刊による。

(1)日本軍初期の戦車達

　日本帝国陸軍においても、1918年にルノー戦車を、1925年にはホイペット戦車を輸入し、戦車の研究を開始した。1927年ヴィッカースMk.C型戦車を購入、これを模倣し、1931年(昭和6年)にはガソリン・エンジンを搭載した89式中戦車甲型を三菱重工大阪工廠にて完成させ、1933年には早くも上海事変に投入されている。1933年以後の乙型には空冷ディーゼル・エンジンが搭載され、量産された。89式戦車の出現時期はロシアのT26Aと同時期であり、アメリカはまだプランのみで、自前の戦車を持っていなかった。この時ばかりは日本がイギリスに次いで近代戦車を所有した誇るべき瞬間であったが、その後のヨーロッパにおける戦車開発のスピードについていけず、1939年のノモンハン事件では、BT、T-26Bなどのソ連軍戦車に大敗する。

ヴィッカース MkC 型（FSC 笹川作）
英国でヴィッカース社から、日本陸軍が輸入し、手本とした戦車であり、このデザインが89式戦車に受け継がれて行く。T社マチルダ履帯を使用した以外は自作。

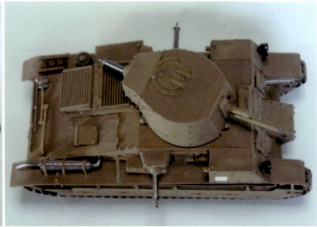

92式軽装甲車 (ファイン・モールド94式+SC 笹川作) 前列左側
　94式軽装甲車の試作型である。94式からの主な改造点は、砲塔を一廻り巾径を小さくし、視貼窓を付けず孔とし、車体左側フェンダーと吸入孔を直し、排気管を凸型に、デフ点検ハッチ(車体前部)を変更する。

91式広軌装甲車(スミダ) (イーグル/RK) 後列
　満州鉄道警備用に線路と路上の両用使用可能な装甲車。砲塔と側面に3挺の機銃を持つ。キットは作りやすく、レールと車輪を側面に装備する路上型としている。

92式重装甲車前期型 (ピットロード/RK+Mtl)
　キットはメタルパーツがぴたりと合い優れた出来である。塗装は戦マガ別冊「帝国陸海軍の戦車用車両」カラーページにある境界線白色迷彩を再現した。

ヴィッカースグロスレイM25装甲車
(フェアリー企画/RK 下原口 修氏作)
　英国より輸入し、上海事変に陸戦隊が使用した車両を、当時の塗装のままに再現している。スタッドレスタイアであった海軍陸戦隊仕様は予備ホイールをもたず、出来の悪いフェアリー製品にかなり手を入れ、細部まで作り込んだ名品である。

同M25装甲車(ピットロード/inj)
陸軍仕様(前列)と海軍陸戦隊仕様
陸軍は予備ホイールを持ち、普通のタイヤであった。

89式中戦車甲型(Fsc・故小林善氏作)
　ヴィッカース中戦車C型を購入した日本陸軍がその模倣をして作り上げたのが、89式中戦車であった。これは試作型である。ガソリン・エンジンを搭載した。

89式中戦車乙型(グムカ/RK+EP) 後列左側
　日本最初の戦車の初のキット化。RKとEPの収縮誤差がわずかにあるが、大変素晴らしいキット。キャタピラの連結方法が難しかった点でベテラン向き。

92式重装甲車　後期型(ピットロード/RK+Mtl+EP) 後列右側
　日本軍唯一の重装甲車のキット。メタル部品を多用し、かなり良い仕上がりであるが、難を言えば、キャタピラの出来が悪い。

94式軽装甲車(前期型と後期型)　(ファインモールド/inj+EP)
　誘導輪を大型化し、接地させた方が後期型である。一部部品にEPを使い細部まで表現し、作り易い優秀作。

89式中戦車乙型　(グムカ/RK+EP)
　同車両はファインモールド/injからもリリースされている。

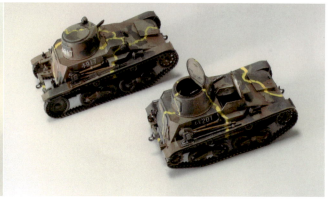

94式軽装甲車　(ファインモールド/inj+EP)
前期型と後期型（左側）

92式重装甲車
(ピットロード/inj)
　メタル製からinjとして再リリースされたキット。前期型(左)、後期型(右)と37mm砲塔載の火力増強型(前列)は、前期型車体と後期型戦闘室を合体させ、砲のみSC

95式装軌装甲車ソキ
(FSC 笹川作)　　　右、下
　中国満鉄警護用の装甲車で、鉄道線路(軌道)上でも、路上でも運用可能であった。東京ガスと三菱重工にて56両が作られ、活躍している。利用出来るキットはなく、すべて自作である。
　実車は北京中央軍博(中国)とクビンカT/M(ロシア)に1両ずつ残っている。

19

95式軽戦車ハ号初期型（ドラゴン/inj)＆**同北満型**（ファインモールド/inj)右側

　1934年三菱で生産され、当初は世界の軽戦車の中では一番の性能であった。終戦までに2378両と日本戦車中、最大数が作られた。キットはFM社の方が作りやすい。

水陸両用戦車(石川島)SRⅢ
　　　(FSC　笹川作)
　95式軽戦車車体を改造し、数両試作された。「Jタンク」(下原口修氏発行)第3号によれば、ラバウルの第八方面軍に送られ、浮遊補給品の曳航と護衛に従事している。作品は実車同様95式軽戦車(FM社)を利用し製作した。実車写真から観察すると装甲がうすいらしく(装甲データは無いが)ベコベコなのが分る。そのベコベコ感を出してみたのだが。

(2)多砲塔戦車の出現

　1930年代初期、スペイン市民戦争からフィンランド戦争の頃には、多砲塔戦争が流行した。フランス陸軍が第一次大戦中より計画し、1924年に完成したFCM2Cが最初の多砲塔戦車である。75mm砲と機銃砲塔を持ち、重量70t、乗員13名という、当時としてはとてつもない超重戦車であった。これに刺激され、ソ連、ドイツ、イギリスでも多砲塔重戦車を開発したが、防禦力はほとんどなく攻撃力だけの戦車であった。技術力、経済力のない小国では双砲塔戦車が作られた。

FCM2C重戦車（MENG/inj）
　砲塔上スリットは縦に通りそこに機銃4挺を持つという、1／35でも全長27cmという巨大さである。キャタピラはホワイトメタル製で、完成すると相当に重いキットだが、作るのはわりと楽であった。

AIEIインディペンデント重戦車
（FSC　笹川作）上、左
　1925年に英国ヴィッカース・アームストロング社にて試作された多砲塔戦車である。主砲は3ポンド砲を用い、機銃4挺を副砲塔におさめ、内1副砲塔は対空用であった。製作にはマチルダ履帯を利用した以外自作である。アキュレットマーマー社/RKからも発売されている。
　ボービントンT/Mに現存する実車を取材して作っている。

95式重戦車 (FSC　笹川作)　上段、下段
　1934年から大阪工廠にて4両が試作された。主砲には7.0cm砲、副砲塔には3.7cm戦車砲と重機2挺が装備されている。製作には、95式軽戦車、94式装甲車、LVT-5、M551(キャタピラ)の4キットを使用している。図面は「マキシム」高田氏より提供を受けた。

T-24中戦車　(FSC　笹川作)　上
　MS系戦車の後継車として開発されたT-12を改良して25両が製作された。重量18t、4.5cm砲×1、機銃3挺、速度22km/hであった。製作にはT-28(ICM)足廻を使用してスクラッチした。

T-28中戦車後期型　(アランゲル/inj)　右
　キットは初期型はアーセナルモルドバ。前期型がICM、後期型がアランゲル製であるが、実際のキットはすべて同じ原型で、少々手直しているだけ。何故なのかは不明である。

T-29中戦車(FSC笹川作)左側＆**T-17タンケッテ「リリプット」**　(FSC　笹川作)
　T-29はT-28の改良型としてクリスティサスペンションを装備、「リリプット」はロシア初の一人乗りタンケッテ。両車共に試作車であった。

T-35重戦車前期型&後期型
(ICM/inj)

砲撃力を重視するロシアが開発（1933-36）砲塔に鉢巻きアンテナを有する前期型とアンテナを改良し、ハッチをすべてオープンし、内部を見せている方が後期型。共に数十両が生産された。

ノイバウファツオイク
（新式車両）
初期型 （トランペッター/inj）

後期型 （クロムウエル/PK）

ドイツが1933年に5両試作した戦車。初期型は軟鋼製であり、プロパガンダ用パレードに使われ、後期型はノルウェー戦に使用された。キットで観察しても、砲塔の違いが分かる。

5. 新兵器、戦車の実験場

　第一次大戦と第二次大戦の間の20年間は不景気が続き、それを打破するために列強は殖民地を拡大し、各地で紛争が起こった。日中戦争をはじめ、スペイン内戦、フィンランド戦争、日ソの対決となったノモンハン事件などに戦車が投入された。ヨーロッパでは、戦車はこれらの実戦データに基づいて改良された、さらには最大の効果が発揮されるよう新型戦車が開発された。なかでもソ連とドイツ両国の進歩は著しいものがあった。

(1)スペイン内戦

　1936年、スペイン内戦が始まると、左派人民軍に加担するソ連軍とフランコ政権に加担するドイツ、イタリア連合軍の双方が、最新戦車をスペインに持ち込み、実戦に使用した。フランコ軍の主力はドイツ軍のⅠ、Ⅱ号戦車、イタリア軍のCV33が主力であり、武装は機関銃および20mm機関砲のみである。対する人民軍の主力戦車はソ連製のBT3/5中戦車およびT26軽戦車であり。主砲は45mm戦車砲である。1937年3月、グァダラハラで行われた両軍の戦車戦は人民軍の大勝利に終っている。

Ⅰ号A-型初期型 （トライスター/inj）
　トライスター社最初のキット。フィギュアが2体付きでこれが仲々良い。派生型の対空型と、車体透明パーツ型もある。このキットは現在ホビーボスから発売されている。

Ⅰ号A型2cm対戦車砲型 （ヒストリック/inj）
　Ⅰ号戦車キットはKMR社とイタレリ社のみであったが、今ではドラゴン社とトライスター社製がある。スペイン内戦のみで使用された。

Ⅰ号A型指揮車 （MBモデル/inj）
　機銃を増設した後期型をMBモデルがキット化している。アンテナ部分のスティが太すぎるが仲々良いキット。作品は修正せずストレートに組み立てている。

CV3/33タンケッテ （ブロンコ/inj）
　初期生産型を初めてinjキット化している。内部はかなり細かすぎ作りにくい。蓋を閉じると全く見えなくなるので作らなかった。火炎放射型も販売されている。

(2)スペイン内戦から第二次大戦前のソ連軍戦車と装甲車

　共産主義国家であるソ連は、ロシアの伝統を引き継いで陸軍力を高めることに主眼を置き、戦車開発にも全力を注いだ。対戦車戦闘に目的を定め、当時としては貫通力に優れた4.5cm/46口径砲を備えた戦車として作られたのが、T-26B軽戦車とBT-5、7中戦車であった(BTは後述)。45mmの前面装甲を持ち、機動力も高いこの戦車に勝る戦車は当時はどこにも無かった。例えばノモンハン事件で対戦した日本の戦車、89式および97式の主砲は5.7cm/18口径であり、前面装甲はわずかに25mmであった。

BA-20M軽装甲車　　(TBK/inj)
FAI-M 軽装甲車　　(マケット/inj) 左側
　ソ連軍初期の軽装甲車、2車両キットとも余り出来は良くないが、簡単に作れる。

BA-20SD軽装甲車　　(マック/inj)
　鉄道路線上を走れるBA-20装甲車。作っていて仲々ユニークな楽しいキット。

BA-1&1 BA-3重装甲車　　(イースタンエクスプレス/inj) 右側
　ソ連軍初期の重装甲車であり、BAは比較すると基本形態は余り変わりないことが分かる。キットの出来はまあまあである。

BA-11重装甲車　　(LK/RK)
　ソ連重装甲車最後の車両であるが、性能良好にかかわらず、戦局の悪化時であり、生産数は少ない。キットは出来は悪いが、完成車両は傾斜角度と言い、鋳造砲塔と言い洗錬された装甲車であったと感じる。

PBA-4 水陸両用装甲車
(FSC　笹川作)　上段中段
BA-4とも言われ、水陸両用装甲車として試作され、現在もクビンカT/Mに保存されている。実車取材に基づいてFSCした。製作にはBA-6(イースタンエクスプレス/inj)を利用している。

T-26B　(RPM/inj)
OT-134　(ミラージュ/inj)
　スペイン内戦時、世界最高水準にあった軽戦車キットである。OT-134はT-26の最終改良型T-26Cを火焔放射型にしている。

27

(3)フィンランド戦争

　タンケッテの流行とは別に、イギリス、ドイツ、ソ連などでは巨大な多砲塔戦車が開発されていた。なかでもソ連軍は多砲塔戦車に力を入れ、フィンランド戦争に数種類の試作戦車を投入した。これらの重戦車は実用的でなく、いずれも試作のみで終っている。しかし、今日でもその魅力的な形状にあこがれるファンも多い。

BA-20フィンランド仕様　　(Vf) 後列
T-50軽戦車　フィンランド仕様　(テクモッド/inj)
　BA-20は単にフィンランド軍仕様塗装とし、T-50は増加装甲を備えたフィン軍仕様だが、以前発売されたソ連軍仕様同キットより改良されている。

BT-5 M33 フィンランド仕様　(TVA/inj) 前列
BT-42 自走砲　　　　(イースタンエクスプレス/inj)
　BT42は後述のBT戦車をフィンランド軍仕様に改造したキットであるが、両キットともまあまあの出来であった。フェアリー社より発売されたキット(RK)よりはずっと良い。

T-38M2　(クーパーライブ/inj)
　T-38水陸両用戦車をフィンランド軍仕様に改造するキットで、実車同様、主砲を2cm対戦車砲とし、スクリューなどをディテールアップしている。

T-100重戦車(フェアリー企画/RK)
　SMK重戦車とともに、フィンランド戦に実験投入され、第二次大戦中のモスクワ防衛戦には、海軍の14cm砲を搭載したSU-14i自走砲として、再登場し活躍する。キットには細かい部品は入っておらず、小数の大きな部品だけのごっつい感じであった。

SMK重戦車ディオラマ （土居雅博氏FSC）**＆プロペラソリ機銃車 NKL26**（Vf）**＆RF8**（プラスモデル/RK）
足周りはKV1より流用しているが、あとは全てプラ板からスクラッチしている。

SU14 Br-2 （FSC　笹川作）
　　実車はT-35重戦車のコンポーネンツを活用。20.3cm榴弾砲を搭載した自走砲を自作した。かなり製作には困難を極めた。というのも実車でも足廻りを始め、かなり改良されているからである。

29

(4)ノモンハン事件に登場したBT戦車

　アメリカの発明家、クリスティーにより1931年に考案された大型転輪と独立コイルスプリン式サスペンションを持つ高速戦車である。アメリカ軍は7両しか購入せず、その優秀な機能に注目しなかった。しかし、ソ連によって1935年にライセンス購入生産され、BT戦車として登場する。この戦車の成功が後に、戦車史に残る傑作戦車T-34戦車として結実することになる。

T3クリスティー中戦車(コマンダーズ/RK)
　キットはひび割れだらけの側面板が付き、組み立て困難であったが、何とか完成。アバディーンの実車と同じ塗装とした。アメリカが購入した7両のうち、1両のみが実在している。

BT-1　(マケット/inj)　後列
BT-4　(マケットBT-2+SC)
　BT-1はストレート組み、BT-4はマケットBT-2に車体上面と砲を自作して製作した。

BT-2(イースタンエクスプレス/inj)　後列
KT-28 (イースタンエクスプレス/inj)
　最初の量産型BT-2と火力支援型のKT-28である。イースタンエクスプレスはBTのほとんどの型式を発売している。

**BT-5戦車（イタレリ/inj）
右側&BT-7（アキュレット/RK）**
BTは独ソ戦開戦時のソ連軍主力戦車で約6000台を占めていた。

BT-IS（BT-SV2）チェレパハ中戦車
　　　　　　　（FSC　笹川作）
　BT-7を改良し、全方位傾斜装甲と鋳造車体を一部採り入れた高速（62km/h）戦車。T-34戦車の先駆けとなった。製作にはBT-5（イースタンエクスプレス）を利用し、車体、砲塔とも完全に自作した。

31

6. 東欧他小国の戦車

　ナチス・ドイツにより第二次世界大戦が引き起こされ、機甲部隊により電撃戦が開始される。電撃戦の洗礼を受けた東欧諸国の機甲部隊は、どのような戦車で迎え撃とうとしていたのであろうか？ポーランドはヴィッカース系列の戦車を作ってはいたが、善戦したものの戦車の数が少なく制空権を失ってなすすべも無かった。以下ルーマニア、チェコ、ベルギー、オランダの戦車隊を見ていただくが、とてもドイツ軍戦車には勝てそうもないような戦車ばかりである。(ハンガリーについては後述)

（1）ポーランド

ポーランドの戦車
　前列左から:**WZ34軽装甲車・初期型**(ファン/Vf)、**WZ34軽装甲車・後期型**(セルチ/inj)、**TKWⅡ型**(RPM/inj)、**WZ39重装甲車**(コマンダーズ/Rk)
　後列左から:**ヴィッカース6tE型Mk.B**(ミラージュ/inj)、**7TP初期型**(スポジニア/inj)、**7TP初期型**(TOM/inj)、**C7Pトラクター**(Vf)

TKS(ファン/RK+Mtl)＆**アルサスAトラック**(S-モデル/Vf+RK)
　ポーランドのタンケッティTKS自走砲型。軽タンクトランスポーター"アルサスA"にTKSを乗せてみた。

ポーランド軍TKタンテッティシリーズ**TK-SD、TKS-CP**(+7.5cmシュナイダー砲)**TKD**(RPM/inj) （左より）
　ポーランド軍の豆戦車シリーズ完結版として、RPM社より発売のキットをまとめて紹介するが、いずれもかわいらしく楽に組める。TKシリーズはキットにすると車体長7.5cm

4TP軽戦車 (JADAR/RK+EP)
　ポーランド軍試作軽戦車。キットは車体内部パーツが多いが、ハッチを閉じると何も見えない。他ではキット化されていない貴重なキット。

10TP中戦車(7TPスポジニア+BT-5イタレリ+SC笹川作)
4TP軽戦車(JADAR/RK+EP)左側
TKS(ファン/RK+M+1)&**アルサスAトラック**(S-モデル/Vf+RK)　後列

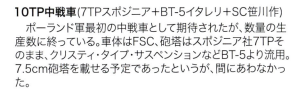

10TP中戦車(7TPスポジニア+BT-5イタレリ+SC笹川作)
　ポーランド軍最初の中戦車として期待されたが、数量の生産数に終っている。車体はFSC、砲塔はスポジニア社7TPそのまま、クリスティ・タイプ・サスペンションなどBT-5より流用。7.5cm砲塔を載せる予定であったというが、間にあわなかった。

ヴィッカース126型指揮戦車(RPM/inj)
　砲塔に2cm砲、無線器2基を持つ指揮戦車であり、ドイツとの開戦時には3両完成していたといわれる。キットは7TPの応用であり、簡単に組み立てられる。

33

（2）ルーマニア

R-2 タカムⅡ (CMK/inj) 前列
　ルーマニア軍7.62(r)cmPAK対戦車自走砲(M1936 野砲)、CMKのキットはCOMキットが多かったが、コンプリート・キットを出すようになり良い出来になってきた。

タカムⅠ T-60 (T-60トラクターRPM/inj+SC笹川作)
　実車同様T-60車体に7.62cmPAK(r)を搭載、グランドパワー06'6月号しか資料がなく、細部についての自信はない。

R-1軽戦車(イーグル/RK+Mtl.)
　ルーマニア最初の軽戦車。キットは作りにくく起動輪のピッチも合わない。機銃は使いものにならず、T社マーダーⅢ(r)の余りパーツを使用。

(3)チェコ

T-32(スコダ-1-D) 軽戦車 (コラ/RK)
　チェコ軍の本格的戦車生産の走りとも言える軽戦車である。チェコはこの後、35(t)、38(t)へ生産が移行、進化して行く。

Vz33タンケッテ プラハP-1 (コラ/RK)
　カーデンロイドの流れを引くチェコ軍初の戦車(タンケッティ)である。コラ製品は手に入りにくいが、作ってみると仲々作り易いキットとなっている。

LT34(WZ34)軽戦車(ミラン/RK)
　1934年LT34(Lehky tank)としてチェコ軍により開発され44両が製造された。翌年にはLT35(独軍35(t)軽戦車)にとって代わられたため、歩兵師団に分散使用され対ドイツ戦でほとんど失われ、残りは44年はじめまで独軍の訓練用となった。
　実車同様砲塔は35(t)に似ているが小ぶりで、足廻りは全く別物であり、複雑な上に組み立てにくい。

38(t)AufA型　(イタレリ+SC)
38(t)軽戦車A型(LTVz38)チェコ軍
　イタレリ社38(t)G型をA型にSC(マケット社38(t)B.C型からSCするとアンテナの変更のみで済む)
左側部のパイプ式(戦闘用)無線アンテナを取り付けている。

スコダPAⅡ"タートル"重装甲車
(JP Hobby/RK) 上、左
　チェコ最初の重装甲車のキットである。車体は一体化されたむくのレジンで、小部品はかなり荒っぽい。ホイールと機銃以外は入っていないので、小窓などはエッチングパーツを自作して仕上げている。

(4) オランダ

DAF-M39軽装甲車＆ランズベルグ重装甲車　(スケールライン/RK+EP)
オランダ軍仕様の両装甲車のキット化、両車の砲塔は同じものを使用している。細部アンテナ等かなり自作せねばならない。

ベルギー

　ブリュッセル戦車博物館に現存する車両を取材、タミヤ社ブレンガンキャリアを利用し、各車をFSCしている。

T-13Ⅰ 2Pd対戦車自走砲　左側
　　　　　　　(FSC笹川作)
T-15軽戦車　(FSC笹川作)
　T-15(左)とT-13I(右)は同館の資料に基づき製作した。T-15の砲塔は難しく、三回も作り直した。実車同様T-13Ⅰ側面に老婆を描いている。

T-13Ⅲ自走砲　(FSC笹川作)
　ブリュッセル戦車博物館に実在するT-13Ⅲを計測してスクラッチした。実車同様に砲塔のヘラクレスを描いてみた。

ACG-1軽戦車 (ADV/RK)
　ブリュッセルの実車砲塔を計測した結果からはやや大きすぎるのではと思われるが、良くできている。ACG-1は仏製であり、戦前にフランスより輸入している。

（スペイン）

ベルデハ軽戦車 (FSC　笹川作)　左、下
　私著「世界の軍事・戦車博物館」(P.52)に図面を載せ、詳細を解説している。
　1938年より生産が開始されたベルデハⅠは重量6.5t、4.5cm砲×1、機銃2挺、装甲厚25mmながら、低い車高と、最高速度44km/hとコンパクトで優秀な軽戦車であった。製作に当っては、キャタピラをM113のセンターガイドを切除して使用した以外はFSCした。

第2章　電撃戦

第一次大戦に敗れたドイツはベルサイユ条約によって、戦車、航空機、大口径野砲の保持、製造を禁止されていた。崩壊の危機に瀕したドイツ軍を支えたのは、共和国軍事組織委員会議長のゼークト将軍であった。彼はソ連と締結したラッパロ条約を利用し、ロシア、カザンの戦車学校で、ソ連軍将校達と一緒に戦車兵を鍛錬していた。また、クルップにスウェーデンのボフォース社を買収させて兵器の設計、生産を行なっていた。1933年頃には砲のほとんどの設計を完了させ、農業用トラクターという秘匿名称の基に戦車の試作を始めていた。ドイツ軍はⅠ～Ⅵ号戦車までを速いテンポで開発したように思われるが、実はほとんど同時に設計していたのである。

こうして精兵と機能的に戦車を運用させる方法について、進歩的戦術理論を展開したのがグデーリアン大佐である。彼の考えは、フラーの理論に空軍の要素を加えた、攻撃中心型の戦略にマッチした戦術であった。それは地上進攻に先立って急降下爆撃機が戦略目標をたたき、敵に反撃の猶予を与えず、砲兵、工兵の支援の下に、数百両の戦車が、敵の指揮中枢に迅速かつ猛烈な攻撃をかけて一気に敵主力部隊を壊滅させてしまうという戦法であった。

この戦法が世に言う「電撃戦」(ブリッツ・クリーク)である。グデーリアン大佐は次のように提案している。第一に重要なのは、機動力であり、スピードこそ勝敗を決する。すなわち、歩兵のみならず、偵察、工兵、砲兵、補給、通信諸部隊が同じ速度で行動できること。第二に火力、戦車および支援火砲が強力なこと。第三に装甲防禦力があること。第四に通信機器が充実していること。これはすべて、戦車の持つべき条件として、現代にまで受け継がれている。

こうして、ドイツ軍の増強が充実した時、グデーリアンの指揮下に、「戦車師団」が誕生したのであった。1939年9月1日、独裁者ヒットラー率いるドイツ軍のポーランド侵攻によって、第二次大戦の幕が切って落とされた。ドイツ軍の機甲部隊は、歩兵と騎兵中心の旧式なポーランド軍を数週間で壊滅させてしまった。電撃戦の考案者であるグデーリアン自身も考えてもみなかった大戦果であった。

翌年1940年5月、ドイツ機甲部隊はベルギー、オランダ領を突破、一挙にフランスになだれ込んだ。第一次大戦の時と同様にオランダ国境に集結した英仏連合軍の裏をかいて、グデーリアンの戦車部隊はマジノ線の切れ目から連合軍の背後を突進して英仏海峡に達して、英仏軍主力を包囲し壊滅させてしまったのである。その後のフランス内陸部への進攻でも機甲部隊はその威力を発揮して、ヨーロッパ屈指の軍事大国フランスをわずか2ヶ月あまりで降伏させてしまった。電撃戦の威力をまざまざと見せ付けた勝利であった。

ポーランド軍のようにごく少数の戦車しか装備せず、歩兵、騎兵中心の旧式軍隊ならいざ知らず、フランス軍のような精強な軍隊がなぜもろくも敗れ去ったのであろうか?当時のフランスは、ドイツに対して、戦車の性能でも、製造方法でも一歩リードしていた。フランス戦車は歩兵支援、対戦車戦闘を考慮した優秀なデザインであり、火力は充実し、時速40kmに近い高速戦車を揃え、かつ防禦力に優れた鋳造鋼工法で作られていた。この工法で車体、砲塔ともに作るということは、防弾力に優れ、工期が短縮できる利点があり、後の戦車開発に多大な影響を与えた。

このように優秀な戦車をドイツの2倍(約5,000台、兵力は112万人)も持っていたフランスであったが、その戦略思想は、防禦中心であり、第一次大戦と同様の持久戦を想定し、さらにはドイツ軍を過小評価していた。火力と防禦力ではフランス軍に劣るドイツ戦車部隊は、急降下爆撃機による戦術支

援と各種火砲による機動的防禦力を持っていたのである。戦車を集中的に運用し、機動力で敵の中枢部に突進、それを全兵科が支援するという戦術の確立が、陣地防禦一辺倒のフランス軍に勝利した要因であった。

ダイムラー DZVR21 重装甲車前期型（FSC 笹川作）
　第一次大戦後、ドイツが最初に生産した装甲車。実車はムンスターT/M（独）に1両のみ現存し、取材の結果車輪どころか内部も木製であり、鉄板を張っただけ。この車両は何とベルリン防衛戦にまで残った、骨董品である。

LKW8 輪水陸両用装甲車
（リードウォリア /RK）
　後の8輪装甲車の原型。キットは部品数が少なく簡単に仕上がる。塗装は初期ドイツ共和国軍塗装としてみた。

グロストラクター（大型牽引車）
（FSC 後藤 恒徳氏作）上、左
「The Secret Begginjs of German Panzer Troop」誌Michael Scheinber著、刊の図面を参考に、ベンツ型（試作型）を後藤氏に作って頂いた。車体銃、履帯など細部品はT社Ⅳ号D型より使用している。
アンテナが車体上を取り囲んでいたり、初期の独軍車両の興味は尽きない。

39

1.フランス侵攻電撃作戦

ドイツ軍機甲部隊による電撃戦の成功は、その機動力と全兵科の支援の賜物であった。第二次大戦初期のドイツ機甲部隊で使用された軍事車両を兵科別にここに掲載し、当時のドイツ軍の装備の充実ぶりを見たいと思う。

(1)初期ドイツ軍偵察部隊(装甲車)

機甲部隊の目となり耳となって、その快速を生かして先峰を務めた装甲車とオートバイ中隊からなる偵察部隊の車両。

kfz13機銃車(ブロンコ/inj)
1929～31年極初期の独軍機甲部隊の発展に寄与した車両であり、武装は機銃のみ。初期三色迷彩のカラーガイド付き。ブロンコkfz14無線指揮車も発売されている。

kfz14無線指揮車(アルビィ/inj)
無線用員は後向きに座り、武装は持っていない。かなり以前のキットなので、今はブロンコの方が内容が濃い。

Sdkfz221軽装甲車前期型
（ブロンコ/inj)
実車同様7.62mmMG34と2.8cm41式重対戦車銃を共に搭載した前期型をキット化している。かなり良く出来たキットで、作り易く車体後部メッシュ部から良好なインテリアが見られる。

Sdkfz263 8輪重装甲車 (タミヤ+ピットロード/RK,Con)
タミヤ車体のみ利用し、ピットロード製戦闘室とアンテナを付ける改造キット。

Sdkfz231 6輪装甲車
(ヒストリック/inj)
独軍最初期の装甲車でありキット化されたのが嬉しく早速作ってみたが、足廻りは合わず苦労するキットである。

Sdkfz223軽装甲車2.8cmSPZ対戦車砲型
(タミヤ/inj+ツインモデル砲/Mtl+SC)
2.8cm対戦車装甲車はSdkfz223のアンテナ基部を徐去、砲とついでに対戦車銃を付けて仕上げている。

Sdkfz261無線指揮車(FSC笹川　作)
　Kfz14の後継無線装甲車、実車は残存せず、コブレンツT/M階段踊り場に1/6木製模型が展示されている。これを取材し作り上げた。細部品はタミヤSdkfz223より流用している。

Sdkfz222 軽装甲車　前期型（タミヤ/inj+EP）左側
　旧いキットである。砲塔上部メッシュがEPになったので、再度ストレートに組み立てている。DAK仕様も発売されている。

Sdkfz232 6輪装甲車　（イタレリ/inj）

ADGZ 8輪重装甲車独軍仕様　（MR/RK+Mtl）
　オーストリア製重装甲車であり捕獲されて、主に独軍SSや警察隊で使用された。キットは初期の無線無しのタイプと、2器の無線タイプの3種から選択できる。キット車体はまあまあだが、メタル製2cm砲、ライト、工具類は良い出来である。砲塔も内部まで再現されている。

Sdkfz222軽装甲車　中期型(トライスター＋ホビーボス/inj)
　外形はトライスターを使い、内部はホビーボスを使用、後期の2cmFLAK38装備とし、砲塔後部無線関係はトライスターのままで仕上げてみた。

Sdkfe223 軽装甲車
(ホビーボス/inj)
　Sdkfe222車体に無線機を増設したタイプ。キットは小砲塔、機関部上部のEP部品、インテリア部品など完璧なキット。

Sdkfz231重8輪装甲車 (AFVクラブ/inj)
　内部まで作り込めるキットであるが、内部の出来は悪く作りこめない。外型もタミヤの方が良いと思う。

Sdkfz231　6輪装甲車　前期型(土居雅博氏作　イタレリ/inj)
　AM誌に発表されたディオラマ作品。AM誌より引き揚げられ当コレクションに寄贈された。
　パリへ向け進軍中、国境検問所で地図を検討中の戦車兵を描いている。

(2)ドイツ軍初期軽戦車

　電撃戦当時には主力戦車であるⅢ号戦車は末だ定数不足であり、支援用重戦車Ⅳ号戦車も少数しかなかった。これを補い、主力戦車の代わりを務めたのが、Ⅰ、Ⅱ号戦車および35(t)、38(t)戦車であった。Ⅰ号戦車は機銃のみの訓練用、Ⅱ号戦車は20mm砲塔載の偵察戦車であり、いずれも弱装甲の軽戦車であった。1939年ドイツはチェコを併合し、スコダ社の35(t)およびプラガ社の38(t)戦車を自軍に編入した。特に38(t)戦車は軽戦車でありながら、前面装甲がⅢ号中戦車と同じ30mm、37mm砲を装備した優秀な戦車であった。フランス戦において38(t)戦車はロンメル将軍の指揮する第7戦車団に配属されて大活躍している。チェコ陸軍独自のフレームアンテナを持つA型、ドイツ軍が改良したB～G型まで、合わせて1.211両も作られ、後にその車台を利用した自走砲も多数製作された。

38(t)軽戦車C型
(マケット/inj)　後列左側
　38(t)初期A～D型のいずれかを選んで作れるようになっているが、C型を選ぶと良いと思われるキット。

35(t)軽戦車指揮型
(CMK/inj)　後列右側
　タカムと同じ車体を使用し、車体後部にフレームアンテナを架設。キットとしてはこちらの方が先に出ている。

Ⅰ号nA型(VK601)軽戦車
(オントラック/RK)　前列左側
　試作Ⅰ号戦車のキット、キャタピはリンクモデル社製、少しゆがみは有るが初期の2cmKWKが再現されるなどまあまあのキット。

Ⅱ号D型軽戦車　(アラン/inj)
前列右側
　キット車体を利用して、マーダーⅡD、Ⅱ号FLAM型がアラン社より新製された。この車体を使って熱田氏のマーダーⅡD前期型が作られた(P.53)

Ⅰ号nA型　(オントラック/RK)

Ⅱ号A型(アラン+タミヤ+SC)
　Ⅱ号戦車の各型式の中で、初期に作られたA型である。両キットを併せてA型を作ってみた。

Ⅱ号B型観測戦車　（ドラゴンサイバー/inj)
　砲塔上部にⅠ号指揮車上部を設けた試作車両。内部にかなり無理が有るキットなので内部は作らず外観のみ見て頂きたい。

（注）ドラゴン社からサイバー等々の名で改訂版が出ているが、すべてドラゴン（又はD社）で統一している。

38(t)B/C型指揮戦車　（マケット/inj)
　以前に紹介したトライスター社38(t)G型指揮戦車と比べても遜色ない。却って両側に取りつけられた角材が防御も兼ねているようで面白い。

Ⅱ号C型軽戦車　　　（前期型　　アラン/inj)
　　　　　　　　　（後期型　　タミヤ/inj)
車体全部が曲型がアラン、角型がタミヤである。車体、砲塔、誘導輪等タミヤ社製はやや小さいのではないかと思うが、いかがな物だろうか。こうして同型車種を比較するのも模型作りの楽しさではある。

38(t)軽戦車、(トライスター社製について)

　トライスター社38(t)戦車キットは、G型、E/F型、B型の順に発売されて来た。いずれも組立て易く、イタレリ、マケットなど以前から出ているキットより、かなり良く出来たキットである。
　G型キットは標準タイプのG型と指揮型のいずれかを選べる。組立て説明図に間違いもなく、指示通り組立てればよい。フェンダー上工具箱は有孔/無孔2種類有。指揮型を選んだので、ハッチはすべて開けてみた。アンテナも、デカールもよく出来ているが、ボックスアートは、アンテナが描かれていず、指揮型としては間が抜けている。ボックスアート・コレクターとしては、描き直してもらいたい所である。
　E/F型キットは、ハッチをすべて閉じた状態で作ってみた。E/F型標準装備のフェンダー上の工具箱が入っていないのが残念だが、G型キットに入っている無孔タイプを使用するとピッタリである。G型、E/F型の両タイプを購入せねばならない所以である。
　B型キットは、車体前面装甲が段差が有り車体銃座が前面に出ている初期タイプで、キットのデザインも優れている。各型とも付いているデカールといい、連結キャタピラといいおすすめキットである。

38(t)B型　（トライスター/inj　仲田裕之氏作）

38(t)E/F型　（トライスター/inj）右側
38(t)G型指揮型　（トライスター/inj）左側

38(t)B型　（タミヤ社マーダーⅢ(r)＋クリッパーモデル/RK K+Con）
38(t)G型後期型　（マケット/inj）右側
　両車ともにトライスター社製と比較するために登場させたが、比らべるべくもない。

(3)ドイツ軍中戦車　Ⅲ号戦車の系譜

　電撃戦の主力戦車として作られたのがⅢ号戦車であった。Ⅲ号戦車の開発はグデーリアン将軍のコンセプトに基づくものであり、彼は二種類の戦車を作る構想を立てた。ひとつは火力、防禦力、機動力のバランスの取れた主力戦車と、もうひとつは大口径砲を搭載した火力支援用戦車である。前者はⅢ号戦車、後者はⅣ号戦車として登場することになる。

　Ⅲ号戦車の設計は1934年より始まり、1937年にはコイルスプリング・サスペンションを持つA型と、リーフスプリング・サスペンションを持つB型が完成している。1939年には新発明のトーションバー・サスペンションを持つE型が登場し、以降ドイツ主力戦車はこの方式を踏襲することになる。武装は、グデーリアンらの運用側は50mm砲を搭載することを主張したが、兵器局の主張が通り当時の主力対戦車砲であった37mm砲とされた。しかし妥協策として余裕を持たせ砲塔リング径を大きくし、50mm砲を装備できるようにしたことにより、後々までⅢ号戦車が主力戦車として使われることになる。現にF型からは50mm/42口径砲となり、1941年中頃には、ソ連戦車に対する威力不足からJ型では長砲身50mm/60口径砲に変更されている。防禦力は、機動性を優先したため、試作段階のD型までは、軽戦車なみの14.5mmしかない。量産タイプのE型でも30mmという弱装甲であった。1940年末のH型より防禦力改善のため30mmの追加装甲(ボルト止め)がなされた。

　乗員は操縦手、無線手、砲手、装填手、車長の5名、乗員間のインターコムと戦車間の無線を備えている。当時は車長は砲手か装填手、または無線手を兼ねるのが普通であったが、乗員を5名として車長は指揮に専念できるようにしたおかげで、戦車の集団運用が上手く行なえるようになったのである。

　このようにⅢ号戦車は、機動力重視(重量20t程度、時速40km/h)の構想にあった優秀な戦車であったが、1941年に始まった独ソ戦の対戦車戦闘では、火力、防禦力とも全く不足であった。1943年2月M型を最後に主力戦車型の生産は打ち切られ、残った車台は、75mm/24口径砲を装備し、火力支援用のN型仕様に改修された。他にもダミー砲装備の指揮戦車に、あるいは突撃砲に使用され、主力戦車の座をⅣ号戦車にゆずることになる。

Ⅲ号A型(ブロンコ/inj)
フィギュアは土居氏作
　1937年に試作された。砲塔に3.7cm砲と2挺の同軸機銃と車体銃を装備、装甲厚はわずかに15mm、走行装置はコイルスプリング懸架で最高速度35km/hであった。

III号B型(ブラチモデル/RK) 左、下
 III号B〜D型はA型と同様であるが、走行装置は板バネ懸架とされたが不良であり量産化されなかった。キットは試作訓練用突撃砲型と2種出ているが、非常に作りにくく、履帯は他キットより流用せねばならない。

III号E型指揮車 (ドラゴン/inj＋SC　笹川作)
 III号初の量産型はトーションバーとスプリングにより成功し、以後のIII号の基本形式となる。このキットはドラゴン初期作品であり、どうせ手を加えるのならと指揮型とした。同車は3基の無線器を積み、砲は回転しない。

Ⅲ号E型　(FSC土居雅博氏作) ディオラマ　　上、下
Sdkfz251/3A型(指揮型)と共にディオラマ化している。251/3もほとんどFSC。
ドラゴン社からE/F型キットが出るずっと以前に転輪やキャタピラも含めてFSCである。

III号F型(ドラゴン/inj)
　E型からは装甲厚は30mmとなり、F型からは5cm砲に強化された。キットはD社III号最新作とあってかなり作り易く良好となった。

III号L型(タミヤ/inj)
　L型からは5mm/60口径長砲身砲を搭載。装甲は砲塔全面57mm、防楯と車体全面に20mm増加板が取り付けられ強化。ロシア及びDAKで活躍した。キットはリメイク版であり、予備転輪の取り付け処理はさすが。

III号J型無線誘導戦車　(グンゼ/inj)
　独軍無線誘導戦車隊の指揮誘導型として活躍した戦車のキット化である。キットにはボルグヴァルトIV重爆薬運搬車B型が付属する。そこで、同性格上同車**C型**(ADV/RK)、**ゴリアテ、シュプリンガー**など爆薬運搬車を紹介している。詳しくは、「フンクレンクパンツアー」(大日本絵画社刊)を参照されたい。

シュプリンガー(JPホビー/RK+EP・CON)
　実車同様ケッテンクラート(タミヤ)の足廻りなどを利用して作るキットであるが、かなり難しい。

III号K型指揮戦車(グンゼ/inj土居雅博氏作) ディオラマ
　K型指揮戦車はIII号M型の車体にIV号戦車の砲塔を搭載し、50mmKWK39/L60を装備している。。K型とT-60(フェアリー/RK)のディオラマである。グンゼハイテック戦車シリーズのパッケージの完成写真はすべて土居作であった。

Ⅲ号M型(グンゼ/inj青木周太郎氏作) ディオラマ
　強化を重ねて来たⅢ号戦車であったが、42年末には非力となり、43年2月M型をもって通常型の生産は終了する。青木氏の作品は、JAMESコレクションオープン時のお祝いの品であった。グンゼのM型、N型は非常に良好なキットであった。ディオラマ上、手前の電話交換手が面白い

Ⅲ号N型(グンゼ/inj)同じく(タミヤ/inj)
　火力支援型としてⅣ号戦車の短砲身7.5cm砲を搭載し、生産されたⅢ号最後の生産型である。DAK仕様がタミヤ製、増加装甲を取り付けた方がグンゼである。

(4)独軍初期の自走砲

　大戦初期のドイツ戦車は火力不足は否めない。また数量も不足していた。戦車部隊の火力不足を補い、火力支援を行った自走砲群を紹介する。後述する独ソ戦初期に活躍する車両も一部含んでいるがジャーマングレイ色ということでここで紹介する。

対戦車自走砲群　以下各車個々について解説する。

ボルグヴァルト5cmPAK対戦車自走砲
(ボルグヴァルト弾薬運搬車 グンゼ/inj+5cm PAKドラゴン/inj+SC 笹川作)
作ってみるということは、車両の大きさが分かる。なんという小さい貧相な対戦車自走砲であることか。こんな車両に乗せられた方がかわいそうである。

Sdkfz251A型 7.5cmPak42L/70 搭載型　試作車
(タミヤSd.kfz251+ニューコネクション砲/Mtl Con)
タミヤ社C型をA型に改造してから、ニューコネクション製砲を載せるだけのキット。砲が過重すぎて、限定旋回である。

マーダーII(r) 後期型　(アラン/inj)
II号戦車D/E型にソ連軍から捕獲した7.62cm砲を搭載した自走砲

デマーグ3.7cmPAK 搭載型　(デマーグ/エッシーinj+タミヤ砲+SC 笹川作)
現地改造型のカバ型装甲キャブ付3.7cm対戦車自走砲型が作りたく、キャブなど自作。この1tハーフトラックから軽装甲兵員輸送車(Sd.kfz.250)が多数作られる。

マーダーⅡ(r)対戦車自走砲前期型(アラン/inj+SC熱田育夫氏作)
　アラン社マーダーⅡ(r)は後期型では後部までガードされているが、あえてこれを切断し、メッシュ型の前期型に改造している。ディオラマのダケカンバは作者の本職が植木屋さんであり見ごたえがある。2000年東京AFVクラブコンテストのグランプリ受賞作。

Sdkfz18(12t)8.8cm対戦車自走砲
（トランペッター/inj)
同下、クリエル社の後発としてトラペ社よりリリースされたキットである。

Sdkfz18(12t)8.8cmFLAK搭載型　（クリエルモデル/RK+Mtl)
　12tハーフトラックにFLAK18を搭載した対戦車自走砲。12tハーフトラックのキットすらない現状では貴重なキットである。かなり大まかなキットなので、タミヤ8tハーフ部品を使いディテールアップしている。

53

クルッププロッツェ2cmFLAK30対空自走砲(タミヤ+イタレリ砲/inj)

初期の独軍対空自走砲として、デマーグ2cmFlak型と共に多用されたクルッププロッツェ2cmFlak搭載型を作ってみた。タミヤとイタレリの合作キットのようにピッタリ合う。お試しあれ！

I号対空戦車(AA)2車種 右、下 (イタレリ+SC)三浦正貴氏作

04'東京AFVコンテストのスクラッチ部門優勝作の2車種である。I号AAはトライスターとアキュレットから出ているが、それらを購入せずスクラッチしている。解釈の違いによって、2cmFLAKが中心に有るのと、左へオフセットしているのを表現しているのがすごい。

I号15cm自走砲バイソン(アラン/inj)
 I号15cmSP初めてのinjキットであったが、15cm榴弾砲があちこち削らないと搭載出来ないほどオーバースケールである。

I号15cm自走砲バイソン(ドラゴン/inj)
 アラン社バイソンとは比較にならない位、良いキットである。15cm歩兵砲は素晴らしく、砲口キャップから、予備弾薬入れまで良く再現されている。

II号D型火焔放射戦車(アイアンサイド/RK)
 II号D型より改造され、前部両サイドに火炎放射器を持つ。

アインハイツディーゼル砲兵用トラック(IBG/inj)
 シャーシとホイール間の足回りの接続にかなりの難点があるキット。丁度良く似合うタミヤ/mtl製7.5cm歩兵砲を牽引させ、細部はタミヤ社クルップボクサーより流用している。

III号突撃砲　前期型(短砲身型)

　突撃砲とはトーチカや敵陣地を攻撃し、歩兵の突撃を援護する目的のため作られた自走砲である。III号戦車の砲塔を用いず、その余の重量を装甲とランク上(IV号戦車の7.5cm)の火力を求めている。その砲の威力と防禦し易い低い車体形状で成功を収めたが、反面、射界が非常に制限される欠点も有る。それでも戦車を作るよりも簡単に安く作れることで終戦まで1万両以上作られている。大戦後期には、7.5cm短砲身(L/24)から、長砲身(L/48)に代えられている。ここでは前期の突撃砲を紹介し、後の章で後期型を登場させている。

III号突撃砲A型(ドラゴン/inj)
　前述のIII号B型車体を利用して試作車が作られ試験を重ね、初の量産化されたのがIII突A型である。キットはポーランド～ロシア戦に使われたA型でミハエル・ビットマン搭乗車となっている。

III突B型(ドラゴン/inj)左側&(タミヤ/inj)右側は1940年6月から1年間で320両が作られロシア侵攻時の主力突撃砲として活躍している。キットはドラゴンとタミヤがほぼ同時に競演し、勿論タミヤに凱歌が拳った。

III突E型(ドラゴン/inj)
　短砲身最終型となるE型をキット化している。

III突C型長砲身への強化型(ドラゴン/inj)
　III突短砲身型は威力不足となり長砲身(F型以後)に代わるが、それでも残っていた旧型は、防盾ごと長砲身型に変更されて行く。戦闘室はC型のままなので別の車種のようである。

(5) 独軍初期 MV - 電撃戦の傍役達

Sdkfzファーモ18t重ハーフトラック&Sdkfz116タンクトランスポーター
(タミや/inj)＋**Ⅲ号M型FLAM**(グンゼ/inj) 火焔放射型戦車
　いずれも良いキットであり、この両車を組み合わせてみた。18tの派生型、例えばクレーン車、対空砲車などほしい所。
　CTP工作車(ミラージュ/inj)
　　CTPトラクター(vf)のinjキット化。独軍クレーン車として再利用された車両。
　Ⅰ弾薬運搬車(イタレリ+ブラチモデル/RK.COM)
　　Ⅰ号戦車が数多く出ているこの章に、派正型である弾薬運搬車を紹介する。

VW郵便車(CMK/inj)　**BMW乗用車**(ADV/inj) 左側
Ⅰ号B型病院車(ブランチモデル/inj)　右側
3車種MVをまとめて紹介してみた。

Sdkfz18t重ハーフトラック（タミヤ/inj）

CTP工作車（ミラージュ/inj）

Ⅲ突B型(タミヤⅢ突B型+SC　土居雅博氏作)　ディオラマ

地雷処理車試作車型
ミーネンロイマーパンツァー(アーマーアクセサリーズ/RK・CON)
ミーネンロイマーパンツァーⅢ(シュミット/Mtl+ドラゴンⅢ号F型)
　ミーネンロイマーパンツァーはJAMES NEWS Letterに掲載した武宮三三氏の図面(1/35)を基に発売したキットであり。同Ⅲは足廻りがすべてMtl製であり、作るに難しいキット。この図面を基にRPM社からもリリースされている。

水陸両用車

8輪シュビムアインハイツLKW(FSC笹川作)
足廻りは1/32 8輪重装甲車(モノグラム)を内部はベルゲパンター(イタレリ)を使用前、側部外板はVfキットから使用したがほとんど自作である。

IV号LWS水陸両用装甲フェリー
(イタレリIV号F型＋ADV/RK)
42'年IV号F型より2両が試作改造された。キットはかなり自作する所が有る。最近ではドラゴン社より出ている。

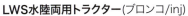

LWS水陸両用トラクター(ブロンコ/inj)
　DAKのため沿岸輸送隊として活躍。キットは内部まで良く出来ているが、船首のバンパーはライオンロアー社の別売りを使用した方がよい。

　他にも独軍初期に活躍し、輸送を行なったトラック及びトラクターは多種有るが、旧著で主な車種について紹介し、解説したのでこの書では省略させて頂いた。

2. フランス侵攻時の連合軍

ドイツがフランスに侵攻を開始した時、英仏両軍もただ手をこまねていたばかりではなかった。ここで、ドイツ軍の侵攻を阻止せんとした陸軍大国フランスと、救援に駆けつけたイギリスの戦車隊はどのような戦車を持っていたのかを見てみよう。

(1)フランス軍戦車隊

フランス軍の戦車は、主力である歩兵部隊に従属していた。第一次大戦の時と同じように、動く砲台として歩兵支援用に分散して使われ、ドイツ軍のように集団使用はされなかった。個々の戦車を見てみると、シャールBis重戦車とソミュア中戦車という主力戦車は、対戦車戦も考慮された火力と、砲塔、車台とも鋳造鋼で作られた充分な装甲と40km/h近い速力も持っていた。ところが、ドイツ軍のⅢ、Ⅳ号戦車と決定的に異なる点は乗員数が少なく、流動的な戦場ではその性能が発揮されにくいということであった。シャールB1bisでは、主砲の75mm砲射撃時には操縦手が砲手になる。砲塔内では車長が敵情を見ながら自ら砲手をつとめ、無線手が装填手となる、これはソミュアでも同じであった。これに対してドイツのⅢ、Ⅳ号戦車では砲手、装填手が射撃、操縦手は操縦、無線手は通信と車体銃を使い肉薄攻撃の防禦に専念、車長は敵情視察と乗員の指揮をとるという分業であった。フランス軍の防禦一辺倒の保守的性格は戦車設計にも反映され、優秀な生産能力を保持していたにもかかわらず、戦術的機動力が無いに等しい戦車となってしまっていたのである。

ルノーAMR35軽戦車ZT-2型
(FSC 笹川作) 右、左下
前述のAMR33タンケッテに次ぐ、仏軍初期の軽戦車を改良し、対戦車能力を高めたZT-2型を自作した。細部部品はホチキス戦車(ピットロード)を利用している。

シュナイダーP16　シトロエンケグレスM29装甲車(FSC 笹川作)
シュナイダーP16は珍しい半装軌式装甲車であり、実車は残存せず、ソミュールT/M(仏)の1/16木製模型を参考にし、H&K社部品を流用して製作した

シャールB1bis重戦車(タミヤ/inj)
ルノーUEトラクター (タミヤ/inj)
　両車ともタミヤ製キットである。シャールは組み立て易いキットだが、UEトラクターは合いも悪くフィギュアも入らずこれがタミヤかと思うほど雑なキット。

ホチキス軽戦車　(PIT/inj)
ソミュアS35中戦車　後列
(エレール/inj)リメイク版
両車は仏軍主力戦車として多数を占めていた。

ロレーヌ仏砲兵観測車　(RPMロレーヌ/inj+SC　笹川作)
後にロレーヌを捕獲した独軍製もあるが、仏軍でも作られていた

仏軍準主力戦車隊

左から:**ルノーR40**(アイアンサイド/Rk)、**ルノーD2中戦車**(MB/Rk)、**FCM軽戦車**(NKC/Rk)
いずれも主力戦車に準じた能力の高い戦車であった。3車種ともガレージキットであるがいずれも作り易く、外形も優れたRKであった。3車種ともソミュール戦車博物館の実車通りの塗装とした。フランス戦車はカモフラージュ塗装(迷彩)の元祖だけあって、塗装が楽しくてしょうがなかった。

61

オチキスR39軽戦車（エレール/inj）ディオマ土居雅博氏作

モトグノームローネ・オートバイ（エレール/inj）
同じく土居雅博氏作。
サイドカーフランス軍タイプを自作している。

パナールAMD 装甲車（アルビィ/inj）
性能優秀なパナールAMD装甲車は、そのまま多数が独軍偵察部隊に組み入れられロシア戦線で活躍する。（派生型は後述）

(2)開戦時のイギリス戦車隊

　イギリスは、クリスティー戦車から発達した45km以上の高速、対戦車戦闘を目的とした巡航戦車(クルーザータンク)と、低速ながら70mm以上の重装甲を持ち、歩兵支援を目的とした歩兵戦車(インファントリータンク)の2種類の戦車を保有していた。フラーの理論によると、巡航戦車が敵側面を迂回して敵の背後を突き、歩兵戦車は歩兵と共に正面攻撃。これを歩兵が援護するというものであった。フランスに派遣された30万人のイギリス軍はよく戦い、マチルダ歩兵戦車はその前面重装甲を生かしてドイツ軍をしばしば足止めさせたが、フランス軍があわてふためき先に崩れ去ってはなす術が無く、ダンケルクより撤退する。

ハンバーMk.III軽装甲車　(IMA/RK)&**トライアンフ3HWオートバイ**(ピーシューカー/Mtl)
　IMAキットは合いは良いのだが、機銃、サイドミラー等小部品は他キットより流用又は自作という不親切なキット。デカールは勿論入っていない。完成図、写真もない。

マチルダMk.I　歩兵戦車(アキュレット/RK+EP)
マチルダMk.II(旧タミヤ/inj)　左側
　MKIは旧著で発表したフェアリーよりずっと良いキット。キャタピラはモデルカステン製に変えた方が良い。Mk.IIは後にリメイクされた。

ランチェスターMk.II重装甲車　(プラスモデル/RK+Mtl)
　1928年から開戦時まで製造され、海外へ輸出された分も含めると200台近く作られた息の長い重装甲車。キットの部品数52と作り易くデカールが嬉しい。

クルーザーMk.III　巡航戦車　（ブロンコ/inj）
英軍初期の巡航戦車の初のキット化である。作りにくくその上キャタピラが短かい(足らない)折角プロポーションは良いのに残念。

クルーザーMk.IV　巡航戦車　（ブロンコ/inj）
弱装甲を補うためにスペースドアーマーを施したMk.IVである。前作を修正し(履帯など)作り易く改作したキットとなっている。

ヴィッカースMk.VIb軽戦車　（コマンダーズ/RK＋EP)
英軍偵察部隊の主力軽戦車、クロムウェル社からもキット化されているが両社ともそれほど良い出来ではない。

ヴィッカースMk.VIb（バルカン/inj)＆同AA（クロムウェル/RK)
バルカンのキットはやや オーバースケールだが、出来は良好。逆に対空機銃を備えるAAは砲塔が小さすぎる。

64

第3章　熱砂の死闘

　1936年にエチオピアを占領したイタリアはアルバニア、リビアへ侵攻し、殖民地を拡大していた。1940年6月、ムッソリーニは第二次大戦に参戦し、ギリシャとエジプトへ侵入する。リビア領に駐留する25万人のイタリア軍のうち、第10軍8万人の兵力と120両の戦車がエジプトへ進撃する。これに対してエジプト駐留のイギリス軍は、ウェーベル将軍率いる第7機甲師団(兵力3万6千人)がいるだけであった。

　兵力の上では、イタリア軍に比べてはるかに劣勢の英軍ではあったが、兵器の質は高く、特に戦車の優劣は明らかであった。1940年12月のニベイワの戦いでは、イタリア軍のM13/40中戦車、CV33/35タンケッテからなる戦車部隊は、イギリス軍のマチルダⅡ歩兵戦車と巡航戦車との戦車戦で全滅させられてしまった。イタリア軍の主力戦車M13/40(47mm砲、装甲30〜9mm、速力30km/h)は重装甲のマチルダⅡには太刀打ち出来なかった。、さらにオーストラリア、ニュージーランド、インドからの兵力が到着したイギリス軍が追撃に移ると戦意喪失したイタリア軍は西へ西へと敗走を続け、業を煮やしたヒットラーは、援軍を送ることを決意する。

　1941年2月、トリポリにロンメル率いるドイツ・アフリカ軍団(DAK)が上陸、ドイツ戦車とイギリス戦車の砂漠の死闘が始まる。両軍とも大戦中期の主力戦車同士の決闘であり、この比較は趣味深いものである。

　ドイツⅢ号戦車の50mm/42口径砲は、イギリス軍戦車を主砲の2ポンド(40mm)砲の有効射程距離の外から撃破できたのである。また、Ⅳ号戦車の75mm/24口径砲はマチルダⅡの前面装甲以外ならば貫徹できた。また、イギリス軍で対戦車戦闘を受け持つ巡航戦車は、2ポンド砲の火力の弱さと装甲厚15〜20mmでは、その高速(48km/h)を持ってしてもドイツ戦車との戦闘では劣勢であった。

　1942年5月26日から始まるガザラの戦いでは、DAKの戦車戦力はこの50mm砲装備のⅢ号戦車240両と75mm砲装備のⅣ号戦車40両の合計280両と、50両のⅡ号戦車(20mm砲装備の軽戦車)の陣容であり、それにイタリア軍の228両の自走棺桶と呼ばれた低速の頼りにならない相棒である。対するイギリス軍は6ポント砲(57mm砲)装備のクルセーダーMK.Ⅲ・257両を中心に、バレンタイン166両、マチルダⅡ110両といった2ポント(40mm)砲装備の戦車(682両)に、ひそかにアメリカから受領したM3中戦車167両の合計、849両であった。ガザラでは池中海に沿ってまずイタリア軍が正面より攻撃し、DAKは南方から砂漠をおおきく迂回した。ドイツ第15、21戦車師団とイギリス第八軍の猛烈な戦車戦は2週間にわたって続けられ、イギリス機甲師団は包囲されほぼ全滅し、6月21日にはトブルクも占領されている。ドイツ軍勝利の原動力は、個々の戦車の優秀さもあったが、大量に集中された88mm高射砲による対戦車戦闘などのロンメル将軍による諸兵科連合の戦術にあったのである。

　第二次大戦のターニングポイントのひとつとなった1942年10月のエル・アラメインの戦いでは、DAKは75mm/43口径砲装備のⅣ号戦車F2型50両を含めた約500両と内容は変わらなかったが、イギリス軍には75mm/37口径、装甲厚50mmのM4シャーマン250両、M3グラント170両を主力に、バレンタイン歩兵戦車等合わせて800両近くの戦車と、1,000門の野砲、10万人の歩兵戦力があった。アメリカという巨大兵器工場から出荷されたM3グラント、M4シャーマンの補給を受けた物量作戦の前にはロンメルの戦術を持ってしてもドイツ軍は敗退するほかなかったのである。

1.イタリア戦車隊

　優秀なスポーツカーを数多く生み出した自動車王国イタリアではあるが、戦車に関しては二流国であった。エンジン、サスペンション、リベット接合車体とすべて旧式で生産数も少なく、主力戦車のM13/40でさえ1,960両作られたに過ぎない。日本と同じくイタリアも新戦車を開発する経済的ゆとりも継戦能力も無かったのである。

1.イタリア軍戦車隊

フィアット 3000B 軽戦車（タウロ・ファイアット3000A＋SC笹川作）ルノーFT軽戦車のイタリア版、ファイアット3000Aを改良して37mm砲を備えたのがB型である。実車同様に砲塔をスクラッチした。

フィアット500Aトポリノ(ティポ)　（ビクトリア/RK+EP）
　ドイツVWと同じく汎用小型乗用車、キット内部がEP、塗装は名古屋トヨタ乗用車博物館に現存する車と同じダークイエローと黒の2色とした。

リンツエ・スカウトカー　（タミヤ+SC　笹川作）
　実車はダイムラーススカウトカーからのライセンス生産、タミヤの同車を使い機銃はロシア物を使い自作した。初心者向きSC。

AS42サファリアーナ装甲車　（イタレリ/inj）
　ブレダ2cm機関砲を搭載したキット。後部エンジンの出来が良く後部ハッチを開けている。

AB40装軌装輪装甲車(イタレリ/inj) Autoblimda Ferroviaria
　レール上も、道路上も走れる伊軍初期装甲車である。キットは作り易くどちらの様式も選べるようになっている。

"オチ"軽トラクター　（クリエル/RK）&**L6軽戦車後期型**（ビクトリア/RK）
非常に精密なビクトリアのRKキットといかにもずさんなクリエルのRKキットである。"オチ"のキットは大変珍しく、柴田和久氏の寄贈である。

66

AB41装甲車(イタレリ/inj)と**AB43 203(i)装甲車**
(イタレリ/inj)　右側
　両車の比較をすると後期43型の方が砲塔がやや大きいなど細部の違いがある。両車共に独軍仕様とした。

AB41/42(w/47/32AT)対戦車装甲車(イタレリ/inj)
　伊軍4.7cm対戦車砲をAS42車体中央に搭載した装甲車。

AS43軽装甲車　"カルロツエリア・スペシャル"(ヒストリア/RK)
　L6軽戦車の砲塔を搭載した軽装甲車。キットは内部までかなり良く出来ている。

P40重トラクター(クリエル/RK)
　前後部が噛み込み式歯車で旋回するトラクター。キットは車体下部の特徴から藤製座席までよく表現している。

M11/39中戦車(イタリアンキット/RK+Mtl)
　伊軍中戦車(カルロアルマートシリーズ)最初の量産型戦車。キットは砲、ジャッキ、ライトなどはメタル製、若干のEPが付くが、足廻りのRKは全く使いものにならず、キャタピラはタミヤ製。

67

M15/42中戦車(タミヤ13/40＋SC笹川作)
タミヤよりM13/40がフィギュア付きで再販されたが、前に発表しているので、これを作らず車体後部を手直しして(約1cm長くなる)改良型M15/42とした。

L40・47/32セモベンテ(クリエル/RK)
　L6軽戦車車台に4.7cm対戦車砲を搭載した対戦車自走砲。こんな小さな車両に3人も乗り無線器まで備え動きがとれるのかと思う。

カルロ・サファリアーナ中戦車　(FSC 笹川作)
クルセーダー戦車(英)を模倣した試作戦車を同じく、クルセーダー(イタレリ)を利用して製作した。(ホイールは裏返しにして使用) 量産車は7.5cm砲を導入する予定であったという。

M42・75/18セモベンテ
(タミヤM40 75/18/inj＋SC笹川作)

M15/42同様車体後部を改造して作り上げている。

M43・75/34セモベンテ自走砲(クリエル/RK)
50両のみ作られた自走砲で、75mm18口径から長砲身34口径とし火力を増したタイプ。キットも仲々の出来。ただ、足周りが作りにくく、キャタピラはモデルカステンを使用した。

M41・90/53 セモベンテ801ci(クリエル/RK)
90mm/53口径砲を装備した対戦車自走砲。30両が製作され伊軍最強の自走砲であったが、砲弾収納はわずかに6発のみのため、装甲弾薬車が随伴する。

L6弾薬運搬車(タミヤ/イタレリL6軽戦車+SC　笹川作)
L6/40軽戦車を改造し、90mm砲弾26発、牽引トレーラーに40発の計66発を運搬すると同時に自衛用機銃を装備する。実車同様タミヤ/イタレリL6軽戦車から改造、内部まで再現している。

セモベンテ149/40（ブラチモデル/RK+EP）
149mmカノン砲は46kg榴弾を最大23.7kmまで到達させる優れた火砲であった。これを搭載した自走砲は1両のみ試作され、チュニジア戦で使われている。

90/53mm砲搭載ランチア3roAA
（クリエル/RK）俣賀清人氏作
伊軍90mm対空自走砲を射撃状態で組み立てている。クリエルのキットは非常に組み立てにくく、初心者は先ず無理、サイドミラーなど細部は自作している。"俣賀氏はよくぞ作った！"

M13/40砲兵観測車（タミヤ社カルロアルマートM13/40戦車車体＋ツィタデル/RK・Con砲塔）
M13/40に砲塔を載せるだけのお手軽キット 車体後部に増加アンテナポストが付くだけ。主砲は木製ダミー、武装は機銃のみ

ファイアットCV3/33（L3）タンケッティ（ブロンコ/inj）
カーデンロイドを模倣し作られたタンケッテであり、CV35と併せて2500両程生産され、中国や中南米各国にも輸出されている。キットは細かい上に、内部は入りきれず外形のみ作り、完成とした。これらイタリ軍車両詳細と図面については「イタリア陸軍装備ファイル」嶋田魁氏（ガリレオ出版）を参考にしている。

2. 砂漠のドイツ軍

　名将ロンメル率いるドイツ・アフリカ軍団の使用した車両を観察してみると興味深いものがある。大戦中のドイツ軍初期から中期の車両が混在し、さらに捕獲車両が加わり混成軍を見る思いがする。砂漠という悪条件の下で色々と工夫がこらされ、改良されていく軍用車両の姿をここで見ることが出来る。

　まず、主力戦車は前述のⅢ号戦車が最後まで使われているが、Ⅳ号戦車と共々発展が見られる。末期にはティーガーⅠ型重戦車も少数見られる。また、補助戦力として軽戦車Ⅰ、Ⅱ号戦車も多数使われていたのである。

　北アフリカのドイツ軍は常にイギリス軍より劣勢で、アフリカ軍団は最大でも2個師団半位の兵力しか持ってなかった。ロンメルの頭脳とスピード無くしては、こうまで善戦できなかったに違い無い。

(1) ドイツ軍砲兵隊

強力な装甲を持つマチルダ歩兵戦車、アメリカ製M3中戦車に遭遇したドイツ軍戦車はこれと正面きって戦うことはせず、急降下爆撃機スツーカの助けを借りたり、88mm高射砲の対戦車射撃で撃破するのが常であった。例えば、1941年6月15日のハルファヤ峠においては、5門の88mm高射砲が、マチルダ12両に対して、牽引状態からわずか1分間で布陣、11両を瞬時にスクラップ化している。ここで、DAK砲兵部隊の使用した砲と自走砲を示している。

マーダーⅢ(r)対戦車自走砲　(タミヤ/inj)
　いわずと知れたタミヤの秀作キット。ロシア仕様では面白くないのでDAK仕様車とした。
Ⅱ号SIG15cm自走砲 　(アラン/inj)
　砲架部が後部エンジン部分にはまり込むというおかしなキットである。その理由は砲を別売りにしたいためと後に分かった。
Ⅲ号突撃砲D型デザート仕様 　(ドラゴン/inj+SC笹川作)
　Ⅲ突C/D型を作るのが3度目(Ⅱ号SIG自走砲も同じ)の私としては、違う型式を作ってみたいと思い、DAKデザート仕様に改造した。
VW偵察車 　(RPM/inj)
　VWのオープンカーに機銃と無線アンテナを付けた車両、タイヤは砂漠用バルーンタイヤをはいている。

III突D型デザート仕様
　このIII突も、後述のIII号G型も過酷な砂漠地に合わせた改造が外見にも見られる。そこが面白い。実車はスウェーデン戦車博物館アーセナルに実在し、取材している。

Sdkfz6/3 7.62cmPAK(r)搭載5トンハーフトラック"ダイアナ"
　(FSC 笹川作) 上、左
　タミヤ社8tハーフトラックを利用(キャタピラ巾は同じ)、5tハーフトラックを作るのが非常に困難であり、ほとんど自作である。図面は「Outlines」Sdkfz6.5トンハーフトラックJohnLRue(ISOPublications刊)を使用している。最近ではブロンコ社からキットがリリースされているが、このキットにある無線器などの位置は同書とは異なっている。

ザウラーRR-7砲兵観測車
（アーマーアクセサリ/RK）
　実車同様、キャタピラと車輪のどちらでも走れるように可動することになっているが、そのヒンジ部は小さい過ぎ、どちらかを選んで作るしかない。初心者には難しいキットであり工作は苦労した。

Sdkfz11/3tハーフトラック弾薬運搬車　（ソブリン/RK）
　車体中央部に弾薬庫を装備した車両である。ソブリンのキットはどれもよいキットなのだが、このキットはいただけない。特にキャタピラは使えず、タミヤ製Sd.Kfz.251のボリキャタピラで代用している。

Sdkfz7.8tハーフトラック前期型
（トランペッター/inj）
　8.8cm砲を牽引する8tハーフトラックはタミヤ社製が有名であるが、あえてトランペッターが細部までこだわった作品を送り出した。エンジン、座席、後部ボックスなどタミヤ以上の出来である。

I号指揮戦車DAK仕様　（ドラゴン/inj）
　増加装甲を車体及び戦闘車前面に装着した砲兵隊指揮車となっている。実車にあるように車体後部に荷物枠を増設している。

73

88mmFLAK36高射砲
(タミヤ/inj)
I号火焔放射戦車(ドラゴン/inj)
I号4.7cm対戦車砲(イタレリI号＋SC　土居雅博氏作)

　DAK最大の働き頭ハチハチと補助戦力として活躍したI号戦車派正型を紹介している。

オペル・オムニバス（アイアンサイド/RK）**＆III号G型中戦車**（ドラゴン/inj）

　ADV社の別ブランド、アイアンサイドの第1作目であり、車体上部はvfである。車内インテリアが面白い。机上にはエニグマ暗号解読器が置かれる。この車両は砲兵司令部用車として、トート将軍らに愛用された。大きさの比較も兼ねてIII号G型中戦車熱帯地仕様を置いて撮影している。

III号G型中戦車熱帯地仕様（ドラゴン/inj）
　他のIII号対戦車と異なり、熱帯地仕様になっている様子が分かるキット

オペル・オムニバス のインテリア

5tハーフ搭載7.5cm/41口径自走砲 PZ,SfIIIaufZgkw5t（HKP902）（シャットン/RK）
わずか4両しか試作されなかった7.5cm榴弾砲搭載自走砲。2両がDAKの仲間入りし、戦闘に投入されて撃破されている。キットは高価な割にはひび割れが多く雑な出来。

(2) ロンメン軍団の装甲車部隊

　DAKの先陣となり、目となり耳となった装甲車部隊では、ドイツ軍のほとんどすべての種類の装甲車が使用されている。Sd.Kfz.250.251系の装甲ハーフトラックと軽装甲車、それにオートバイ部隊多数が縦横に砂漠を駆け巡ったのであった。Sd.Kfz.250軽装甲兵員輸送車、Sd.Kfz.251中型兵員輸送車については後程詳細に記している。

マーモンハリトンMKIII軽装甲車　（ベスペ/RK）
　本来は南アフリカ軍が使用。ろかく使用した独軍写真が沢山あるので、砲を独軍2cmKWKとし、装備品も独軍小物を加え独軍使用とした。
8輪重装甲車5cmPAKワーゲン
(タミヤ+SC 笹川作)　右側
　ドラゴン5cmPAKを搭載し、実車写真に照らして自作した。内部は想像である。
8輪重装甲車7.5cmL/24搭載型(タミヤ+SC 笹川作)
中央と下

8輪重装甲車7.5cmL/24搭載型装甲車
(タミヤ+SC 笹川作)
　実車写真は多く残り、活躍度が知られている割りにはキット化されない車両なので、作ってみた。現在ではAFVクラブからキットが発売されている。

II号F型DAK仕様 （タスカ/inj） 三浦正貴氏作 上、右
II号軽戦車中一番多く(524両)作られたF型である。タスカ1/24だけあって、細部再現はすばらしい。

Sdkfz222軽装甲車DAK仕様 （タミヤ/inj）
古いキットのリメイク版である。DAK仕様にするのであれば、右前部フェンダー上に水入ジェリカンを写真のように付けて欲しかった。

シュタイヤー20mmKwK搭載型(ADV/RK＋タミヤ砲・＋SC笹川作)
アズムットのレジンキットにタミヤ製20mmKwKを載せた改造作品。実車は数両しか作られず、資料もほとんど無いので想像で楽しく作ることができた。シュタイヤーはタミヤ社からもリリースされているので、簡単にキット化できると思うが。

Sd.Kfz.232重装甲車後期型 (ビットロード/Rk＋タミヤ・Con)
　Sd.Kfz.261と共に、ビットロードの改造キットである。タミヤSd.Kfz.232の車体前部を切り取って改造パーツとあわせる。ハッチ等メタル部品もあるが作りやすく、仲々よい出来である。

英軍捕獲戦車
マチルダⅡ・5cm戦車砲搭載自走砲(タミヤ＋SC笹川作)**＆バレンタインMKⅢ独軍仕様**
(ミニアート/inj) 後列
マチルダ自走砲は車体そのままに、5cm砲と二重防楯をSCしている。

Sd.kfz.250/3 (グンゼ／inj)"グライフ"
　軽兵員輸送車(Sdkfz250系)については後述するが、ロンメル将軍愛用車"グライフ"は古くは、エアフィック社(1/32)、日東、タミヤ(1/35)からリリースされている。ここでは一番の出来、グンゼ版を紹介する。

(3) ドイツⅣ号戦車の系譜

　ドイツが第二次大戦中に製造した戦車の総数は26,500両で、最も多く作られたのがⅣ号戦車の8,544両で、Ⅲ号戦車6,157両、パンター戦車5976両が続く。ちなみに対空戦車、突撃砲等自走砲も含めて49,000台。これがドイツ軍戦車の全てである。Ⅳ号戦車は戦前の1938年4月から敗戦の1945年3月まで作られ、文字通り主力戦車としてとして大戦の最後まで活躍したのであった。しかし、大戦初期の1940年のフランス戦では10個の戦車師団に全部で280両しかなく、その大口径砲をもって主力のⅢ号戦車を援護する支援重戦車として開発されたのが分かる。

　Ⅳ号戦車はA～J型まで作られたが、A～C型は試作型であり実用に供されたのはD型からである。その構造はⅢ号戦車と同様だが、砲塔は三名用の吊かご式バスケット方式が取られていた。サスペンションは2個の転輪毎のリーフスプリング方式、エンジンは水冷300馬力ガソリン・エンジン、時速40km/h、重量23t武装は75mm/24口径砲、装甲厚は30mm程度であった。戦闘室前面にはE型では20mmの増加装甲が付き、F型からは50mmの一枚板となり、H型では80mmもの厚さになる。武装も24口径の短砲身75mm砲からF2型では43口径に、G型からは48口径長砲身砲へ換装され強力になっていく。Ⅳ号戦車は、当初から砲塔直径を十分に確保しておくなどの余裕のある設計で、戦闘の激化による主砲の長砲身化、重装甲化の要求に答えられたのである。さらに機械の信頼性が高く、派生型もドイツ戦車のなかでは一番多く作られた。

Ⅳ号A型　(タミヤD型＋コーリー/RK・Con)
Ⅳ号B型　(トライスター/inj)
　両車は試作型であり、量産型ではない。A型はタミヤ社D型に砲塔を載せ、車体改造はわずかなキット。砲塔はⅢ号戦車と同じ位の大きさで装甲のうすさがよく分る。

Ⅳ号C型　(トライスター/inj)
Ⅳ号C型ロケット砲車(イタレリⅣ号F型＋ニューコネクション/RK・Con)
　B.C型は車体は同一であるが、主砲基部が少し異なる。トライスターの内部は良く出来ている。Ⅳ号ロケット砲車は増加装甲板付きC型に(イタレリ社版F型から改造して)砲塔を載せるキット。

Ⅳ号D型前期型(右側)と後期型(タミヤ/inj)

IV号E型(前期型)中戦車 (グンゼ+MB/Mtl.Con)
　グンゼIV号F1型を使用、MBモデルのメタル製Conと合体させるお手軽改造キット。

IV号架橋戦車 (オントラック/RK)
　最近ではトランペッター/injキットが発売されているが、オントラックの方が細部まで再現されている。

IV号F1型 DAK仕様(グンゼ/inj)
　車体前部に土のうを防弾用に積んだタイプとし、塗装にこってみた。ストレートに組んでも仲々良いキットである。

IV号ベルゲパンター (CMK/inj+EP+Mtl)
　旧タミヤIV号戦車のパーツが入りとinjキット及びEP付きのフルキット。クレーン支柱はメタル製。CMKは中国では安価で購入出来る。

IV号流体変速器付戦車 (タミヤH型+ニューコネクション/RK+Mtl・Con)
　起動輪、誘導輪はMtl。あとはほとんど車体以外タミヤ製の小改造キット。この車は試作車であったが、アバディーンT/Mに唯一現存している。

79

IV号F型増加装甲型（ドラゴン/inj）
ヴォパンツァー型として、E及びF型を用いて試作された。特に砲塔前面の増加装甲状態が面白い。

IV号F2型DAK仕様（グンゼ/inj）
球形マズルブレーキを装備したF2型である。車体はF1型と全く同じである。仲々の秀作キット。

IV号G～J型(IV号中期～後期型)をまとめて紹介する。

IV号戦車G型前期型(グンゼ/inj)	前列右
後期型(グンゼ改造　土居雅博氏作)	後列右
H型前期型(タミヤ/inj、愈　勝植氏作)	前列中央
後期型(イタレリ/inj、高橋　司氏作)	後列中央
J型前期型(タミヤ/inj)	前列左
後期型(ドラゴン/inj)	後列左

IV号後期型は旧著で詳細に解説しているので集合写真のみとしている。

英国への侵攻作戦（独軍潜水戦車）

　1940年中頃、ヒトラーは英本土への上陸作戦（あしか作戦）を発令した。作戦逐行のため作られた戦車が潜水戦車であり、Ⅳ号D型E型、Ⅲ号E～H型から改造され、第18戦車師団に編成された。英本土侵攻の中止によりロシアへ転進し、41年6月にはブーク河を潜水渡河している。8月にはドニエプル河の渡河にも使用されている。（次章に入れたかったのだが、紙面の都合上、ここに記載した。）

Ⅳ号D型潜水戦車(トライスター/inj) 右、下
　第18戦車師団所属のサメのデカールが面白い。防水ラバーの出来といい上々のキットだが、フェンダー右上の角材取り付け部品は有るのだが、部品が入ってないので自作した。

Ⅳ号E型潜水戦車(ドラゴン/inj)
　増加ガソリントレーラーを牽引した行軍時のE型である。キットは砲、ハッチなどゴムカバーに被覆される部分をうまく表現している。

Ⅲ号F型潜水戦車(ドラゴン/inj)
　Ⅳ号潜水戦車同様にⅢ号潜水戦車も作られた。後部エンジンデッキ上に積んでいる円筒はシュノーケル装置と無線アンテナ付きフロートである。水面下の航法はジャイロコンパスを用い15mの深さまで行動できた。キットに入っているパイプは硬質プラスチックで出来ており、全く形態は合わない。少しずつ熱であぶりながら調整し、カットするのだがかなり難しかった。

3. 砂漠のイギリス軍部隊

　イギリスには二種類の戦車があった。ひとつは対戦車戦闘を専門とする巡航(クルーザー)戦車という動機性に重点を置く快速戦闘車と、もうひとつはぶ厚い装甲を持ち歩兵を支援して前線を突破する歩兵(インファントリー)戦車である。

　これら二種の戦車を持つイギリス軍は、北アフリカの戦場でイタリア軍を破滅状態に追い込んだが、その後に登場したドイツ軍相手には遅れを取ってしまう。その原因は英独主力戦車の主砲の差にあった、ドイツ軍のⅢ号戦車の主砲は50mm、Ⅳ号戦車は75mm砲。これに対してイギリス軍の主力戦車は全て2ポンド(40mm)砲である。その威力はドイツ軍37mm砲と同程度しかない。後に6ポンド(57mm)砲を使用するようになるが、それでもドイツ軍50mm砲と同程度である。さらに悪いことにイギリス軍の戦車砲は徹甲弾は撃てるが榴弾は撃てなかった。このためドイツ軍に対戦車砲部隊との戦闘では、運が悪い砲兵が直撃弾で落命するだけで砲を破壊できなかったのである。このため3インチ榴弾を発射できる火力支援砲車(CS)を作らねば、対歩兵戦闘も行えなかった。

(1)イギリス軍初期の巡航戦車－Ⅲ、Ⅳ号戦車のライバル

英巡航戦車初期型

前列左から:**クルーザーMk.Ⅰ巡航戦車(A9)(アキュリットアーマー/Rk)クルーザーMk.ⅡA巡航戦車(A10E1)(Fsc)、クルーザーMk.Ⅳ巡航戦車(A13)(クロムウェル/Rk)**

後列左から:**クルセーダーMk.Ⅰ巡航戦車(A15)(イタレリ＋バーリンデン·con)、クルセーダーMk.Ⅲ巡航戦車(イタレリ/inj)**。クルーザーMk.Ⅰは高速(40km/h)ではあったが弱装甲(16mm)であり、Mk.Ⅱは装甲を厚く(30mm)したが、低速(26km/h)になってしまった。Mk.Ⅳではクリスティー·サスペンションとし、高速(48km/h)になり、スペースド·アーマー(二重装甲)を取り入れた。クルセーダーはMk.Ⅳを改良、高速(49km/h)重装甲(40mm)であったが、主砲は最終型(Mk.Ⅲ)でやっと6ポンド砲を搭載した。

(2) イギリス軍砲兵隊と司令部用車

ダイヤモンドT （アキュリットアーマー/Rk）
　アキュリットアーマーのレジンキットで、大変作りやすい。キットは牽引車タイプであるが、クレーンを装備した回収車タイプもほしい。イギリス軍の戦車回収部隊には欠かさない車両であった。

ドチェスター重装甲車　（クロムウェル/RK）
　大変珍しい指揮車のキット化である。内部のインテリアは完備し、机、スタンド、タイプライターまで備えられている。ドイツは捕獲車をロンメルの指揮車"MAX"として使用し有名になった。

ビショップ自走砲(アキュリットアーマー社バレンタイン+Sc笹川作)
アキュリットアーマーのバレンタイン戦車の車体を利用し、25ポンド砲はタミヤから流用、上部構造物をスクラッチした。装甲の薄さをいかに表現するかで苦労させられた。

英軍司令部用車
ドチェスター重装甲車指揮車　（クロムウェル/RK）**クルセーダーMk.Ⅰ 前期型**　（イタレリ/inj）
ビーバーMk.Ⅲ 軽装甲車　（IMA/RK）**フォードLRDGパイロットカー**　（ロイ/RK）

ラフリィ対戦車トラック
　　（アルビィ/RK）　右側
対戦車自走砲2車種のキットは実に興味深い。車両は自由フランス軍でも使用された。

モーリスCS8ガンキャリア　（リードスレッド/Mtl）
＋ボフォースL/45対戦車砲　（トム/inj）
モーリストラックの運転席フロントガラスが眼鏡のようで面白い。2pdガンキャリアでであった。

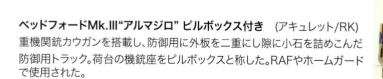

ベッドフォードMk.III "アルマジロ" ピルボックス付き　（アキュレット/RK）
重機関銃カウガンを搭載し、防御用に外板を二重にし隙に小石を詰めこんだ防御用トラック。荷台の機銃座をピルボックスと称した。RAFやホームガードで使用された。

AEC6ポンド対戦車砲車"ダーコン" (アキュレット/RK)
　AEC重トラックに簡易防御板を張りめぐらした6ポンド対戦車砲。かなりの携行弾薬が積めそうである。"ダーコン"とは尼僧のこと。"ビショップ僧正"榴弾砲車への当てつけかもしれない。

クルセーダーⅢMk.Ⅰ対空戦車(イタレリ/inj)
　クルセーダーMkⅢに4cmボフォース対空砲を搭載した対空戦車。英軍が制空権を得た頃に登場したこともあり、少数生産にとどまった。

4cmボフォースキャリア(イタレリ・ベッドフォード/inj+4cm砲/inj+Sc笹川作)
　対空戦車より以前には、かなりの数が対空戦闘に従事した車両。イタレリよりリリースされた4cmボフォースを搭載したベットフォードを、英国砲兵博物館(ロンドン)に取材してスクラッチした。

（3）イギリス軍の反攻(中期の車両)イギリス軍軽戦車と装甲車

前列左から:**ヴィッカースMk.VIB軽装甲車**(アキュリットアーマー/Rk+Ep)、**モーリスMk.I軽装甲車**(アキュリットアーマー/Rk+Ep)、**ヴィッカースMk.VIC軽戦車**(クロムウェル/Rk)後列左から:**ダイムラーMk.I CS装甲車**(アキュリットアーマー/Rk)、**ハンバーMk.I軽装甲車**(ソブリン/Rk)

モーリスCS9軽装甲車(FSC　笹川作) 右、下
ロールスロイス装甲車の後継車両として開発された。武装はボーイズ対戦車銃と2挺のブレン機銃を持つ。車体、砲塔ともかなり複雑な形状をしているため、スクラッチには苦労した。図面は「British AFV」G.Brdckford著StackPole books刊による。

86

AEC重装甲車(アキュレット/RK)
バレンタイン戦車の砲塔をそのまま搭載した重装甲車。キットは内部まで良く再現している。

ダイムラーMk.II装甲車(アキュリットアーマー/RK)
旧作Mk.ICSより改良され、細部がエッチングパーツで再現された良いキットになっている。エッチングパーツがとてもよくできているので、予備ホイールを取り付けずにこの部分を見せている。

英軍歩兵戦車

独軍のⅢ、Ⅳ号戦車相手には巡航戦車は全く役に立たず、砂漠の戦線で英軍を支え続けたのは、重装甲防禦を備えた歩兵戦車群であった。ここではその歩兵戦車の歴史を現わしている。

マチルダ(A12)Mk.III/IV歩兵戦車(タミヤ/inj)
第二次大戦初期の戦車の中では傑作と言われ、重量26t、2ポンド砲と機銃1挺ながら前面装甲厚は78mmに達し、KV-1(ロシア)が登場するまでは最大厚であった。Ⅲ号、Ⅳ号戦車短砲身ではその装甲に全く歯が立たなかった。キットは久しぶりのタミヤのリメイク作、旧作がいかにオーバースケールであったかがよく分かる。

バレンタインMk./IV(アキュレット/RK＋EP)
バレンタインMk.VI(マケット/inj) 右側
比較的安定した戦車であり、ロシア、オーストラリアに大量にレンド・リースされている。大戦後半には2ポンド砲では役に立たなくなりMk.VIでは6ポンド砲に換装され、砲塔も作り直されたが、操作しにくく、さらに大型化したチャーチル歩兵戦車へと受け継がれて行く。

バレンタインMk.II(AFVクラブ/inj)
車体ガードと対空機銃を備え砂漠戦に投入されたバレンタイン初期型。AFVクラブのキットとしては大変良好

バレンタインMk.III歩兵戦車(アキュレット/RK)
マチルダの後継として開発され、マチルダと同等のスペックを持つが、マチルダより量産し易く、8275両も作られている。

(4)砂漠の援軍

　数的に劣るドイツ軍戦車に太刀打ちできないイギリス軍戦車部隊への支援は、大量のアメリカ製車両であった。M3、M4中戦車、M3軽戦車、M7自走砲等のAFVに加えて大量のトラック、ジープがエジプトのモンゴメリーの下に送られた。エル・アラメイン戦で戦勢が逆転したのも物量の差であった。(アメリカ軍車両については第6章で詳しく記している)。

米軍の主力部隊(米軍初期のAFV)

後列左より
M3軽戦車"ハニー"(アカデミー/inj)
M4A1"シャーマン"極初期型(ニチモ/inj)
M3中戦車"リー"(アカデミー/inj)
M2兵員輸送車(ドラゴン/inj)　前列右より
M4迫撃砲車(ドラゴン/inj)
T30　7.5cm自走砲(ドラゴン+レジキャスト砲/RK+SC笹川)

M3軽戦車とM3中戦車(アカデミー/inj)
　共にインテリアが素晴らしくハッチはもったいなくて閉じられないキット。

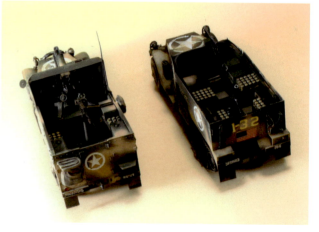

T30 7.5cm自走砲
　500両も作られ活躍しながら制式(Mが付く)になれなかった珍しい自走砲である。7.5cmPack空挺用榴弾砲を搭載している。現在ではドラゴンからリリースされている。
M4迫撃砲車
　81mm迫撃砲を搭載した自走砲で540両も作られ、後にM21と交代する。

自由フランス軍の装甲車

ラフリー80AM装甲車 (DES/RK)
　AFV世界初の80km/hの高速を出した重装甲車。28両作られ、その走行性能の高さから12両がアフリカに送られ、自由フランス軍により終戦まで使用された。主砲の13.2mm重機が横向きに搭載されている。

南アフリカ連邦軍の装甲車

マーモンハリトンMk.I装甲車 (IBG/inj)
　フォード3tトラックをベースに1940年から南アフリカが自衛のために作り上げた装甲車。キットはMk.I初期型で、仲々よく再現されている。

マーモンハリトンMk.II装甲車 (IMA/RK)
　搭載火器などかなりの部分が他キットから流用である。完成図も写真も無い不親切なキット。勿論、デカールも入っていない。これを改良した車両がMk.III(前述の独軍仕様車)である。

マーモンハリトンMk.IV(コマンダーズ/RK)
　2ポンド砲とブローニング50'&30'機銃を装備し、42年〜45年まで2000両以上生産され南アフリカ軍の主力として戦後も活躍している。

インド軍の装甲車

フォード・インドパターンMk.II装甲車(FSC笹川作)
　ガイ・ユニバーサルキャリアをベースに作られたAPCであり、主にインド軍で使用された。ボーイズ対戦車銃とブレン機銃(AA)を装備している。FSCに当って、図面は「British AFV」G.Brackford著Stackpole books刊を参照した。

オーストラリア軍のAFV

　豪州軍はアフリカ戦に英軍の援軍に駆けつけたものの、戦車は持っていなかったため、初めは捕獲したM13/40などの伊軍戦車を使用せざるを得なかった。後にマチルダ、バレンタイン。M3スチュアート、M3グラントを供与されている。大戦後半には日本軍相手にチャーチル、M4シャーマン、M24を英米から与えられ大量に使用している。それらのすべての型式と派生型がオーストラリア・パックパンヤル戦車博物館に系統的に保存されている。

M3A5グラント中戦車(豪州軍仕様)(アカデミーM3グラント＋SC笹川作)
　主砲を75mm長砲身とし車体前後に増加装甲を施こした改修型である。現在も実車はパッカパンヤル戦車博物館に展示され、これを取材して作り上げた。改造点は他にはベンチレーターと無線器の増設などでマイナーなSCで済む。次ページの3車両も博物館の取材を行なっている。

ディンゴ・スカウトカー "スノウホワイト"（FSC笹川作）
　ビクトリア鉄道(ニューポー)会社によってフォードトラック車体を利用して作られた豪州製スカウトカー。武装は機銃1挺のみ、乗員3名。1942年12月より245両作られた。

ローバー軽兵員輸送車 "カンガルー"（FSC笹川作）
　同じくフォードトラックを利用して作られ主にオーストラリア北部〜東部海岸線防衛とパトロールに従事した。武装は機銃3挺、乗員5名。1942年初めより217両作られている。両車共図面は「Australian Military Equipment Vo1.3」を参考としている。

2ポンドATガンキャリア(タミヤ/inj+オードナンス砲+SC笹川作)
　オーストラリア軍はブレンガンキャリアをオーストラリア製だけで3833両、英国製の2000両と併せて5833両も有していた。このキャリアを基本車体として多くの派生型が生まれた。特に2ポンド対戦車自走砲は200台丁度作られた。武装は2Pd砲以外にもブレン機銃1挺装備、乗員は4名である。図面及び詳細は「Australian Military Equipment Vo1.4」に有る。

センチネルACI巡航戦車(クロムウェル/RK)
　重量28t装甲65mmと防禦を重視したため、武装は2ポンド砲と機銃2挺、最高速度32km/hであった。M4中戦車が配備されたため、66両の生産に終った。キットは部品数少なく組み立て易い。

カナダ軍

オッター軽装甲車(ミラーモデル/inj)
カナダ軍独自の装甲車ののinjキットであり、コマンダーズのよりずっと良好

第4章　太平原の激突

　1941年6月22日、ドイツ軍は独ソ不可侵条件を破って、ロシアの大地に電撃戦を開始した。バルバロッサ(赤ひげ大王)作戦の始まりであった。この時点でのドイツ軍兵力は戦車3,580両、火砲7,184門、兵力約270万。これを三つに分け、北方軍集団は東プロシアからバルト海に沿ってレニングラードへ、中央軍集団はポーランドからミンスク、スモレンスクを経てモスクワへ、南方軍集団はチェコからキエフを経てコーカサス油田を目指したのであった。これに対するソ軍は戦車約18,000両、火砲約3万門、兵力400万である。これが1,500kmに及ぶソ連の国境線と国境内側1,000kmに分散配備されていた。両軍の戦車の内訳は、ドイツ軍はⅢ号戦車1,440両、Ⅳ号戦車517両を主力とし、残りをⅡ号、38(t)軽戦車およびⅢ号突撃砲等の自走砲で占めていた。対するソ連軍は、BT戦車6,000両を主力とし、T-27タンケッテ4,000両、T-26軽戦車4,500両、T-37、T-38水陸両用戦車300両、T-28、T-35中、重戦車200両。さらに第二次大戦の戦車戦の様相を変えた新型のT-34中戦車1,100両、KV-1重戦車508両が配備されていた。双方の戦車戦力を比較すると、ドイツ軍の戦車数はソ連軍の約4分の1であるが、主力のⅢ、Ⅳ号戦車はあわせて2,000両、ソ連軍はBT戦車がその3分の1を占め、新型のT-34、KVあわせても一割ほど、残りは非力な軽戦車か旧式戦車で全く役に立たなかった。こうして見ると戦車戦力はほぼ同等といえるかもしれない。しかし、新型のT-34、KV-1はⅢ、Ⅳ号戦車を遥かに上回る性能を持っていた。これが、ドイツ軍を苦戦に陥らせた大きな原因となる。

　緒戦には、ドイツ空軍の先制攻撃で制空権を獲得したドイツ軍の進撃は快調に進んだ。3週間足らずでロシア国境地帯を突破されることになる。またもや、ドイツ機甲部隊の集中運用の勝利であった。独ソ開戦時にソ連軍でもドイツ軍と同じく集団でT-34、KV-1を使用していたら、ドイツ機甲部隊といえども緒戦から苦戦を強いられたであろう。当時の主力Ⅲ、Ⅳ号戦車の主砲50mm砲や短砲身75mm砲では、T-34、KV-1の装甲に歯が立たず、T-34の主砲76.2mm/40口径砲にドイツ戦車は簡単に撃破されてしまった。T-34、KV-1の出現はドイツ軍にショックと恐怖を与えた。その対策として75mm/43口径の長砲身砲搭載のⅣ号戦車、突撃砲、駆逐戦車が作られ、さらには防禦装甲の厚い重戦車ティーガー(虎)、中戦車パンター(豹)が作られることになる。

　ドイツ戦車師団の進撃速度は速く、7月末には北方軍集団はレニングラードまで約200kmのオストロフへ、中央軍集団はモスクワをまで350kmのスモレンスクを陥し、12,000両の戦車を撃破し、ソ連軍兵力を半減させている。これに対し、ドイツ戦車も約2,000両を失っているが、その半数近くがKV-1、T-34との戦車戦によるものであった。戦車戦力の消耗は大きかったが、このまま作戦を続けすれば秋にはモスクワの占領も可能だったかもしれない。しかし、総統命令がドイツの運命を変えることになる。中央軍集団を南下させて南方軍集団と共にキエフを包囲し、ウクライナの穀倉地帯とコーカサスの石油地帯を手に入れてから、北上してモスクワを落とすという、作戦の変更であった。キエフ大包囲戦ではロシア軍史上最大の戦死傷者50万名、捕虜66万名という大戦果をあげた。1941年10月2日、再度モスクワ攻略作戦(台風作戦)が発動され、ドイツ軍はモスクワまで100kmまで迫ったが、秋の長雨による泥濘と、11月に入ると例年より早くやってきた大寒波のため、モスクワ前面で進撃はストップしてしまった。潤滑オイルも凍る寒波に充分な冬季装備もなく身動きのとれなくなってしまったドイツ軍に、フィンランド戦争で冬季戦の経験を積み、シベリア軍団の移動で兵力を強化したソ連軍が、T-34の集団を先頭に襲いかかった。

結果的にヒトラーの気まぐれがモスクワを救い、ソ連を崩壊から救ったのである。グデーリアンをして後に、「この作戦変更がなかったら、ドイツは勝利していた。モスクワの占領はスターリン政権の崩壊をもたらすに充分であった。」と彼の著書「パンツァー・リーダー」の中で言わしめている。

1・大戦後期ドイツ軍偵察部隊と装甲兵員輸送車

　ドイツ機甲部隊のロシアの大平原への進撃のときに先陣を切ったのは偵察部隊の軽装甲車両群であった。また、戦車部隊に随伴して敵中を突破できる装甲兵員輸送車も、特にロシアのように道路網が貧弱な戦場では絶対不可欠なものであった。この目的のためドイツ軍では砲牽引用ハーフトラックをベースに装甲兵員輸送車を開発していた。3tハーフトラックをベースにSd.Kfz.251中型兵員輸送車が生産され、A～C型まで4,650両、D型10,602両が作られた。1tハーフトラックをベースにSd.Kfz.250軽兵員輸送車も生産され、旧型(アルテ)4,250両、簡易生産型の新型(ノイ)2,378両が終戦までに作られている。

　大戦中にドイツが生産した戦車は全部で26,500両に過ぎない。これに自走砲、突撃砲、駆逐戦車その他の車両を含んだ合計でも49,200両であり、T-34戦車1車種にも追いつかない。ドイツ軍は慢性的に戦車不足であったが、この埋め合わせをしたのが約22,000両作られた兵員輸送車であった。この車両はその汎用性から歩兵の輸送だけでなく各種自走砲に改造されたり、無線指揮車、弾薬運搬車、工兵用車等、多くのバリエーションが作られている。歩兵を装甲兵員輸送車に乗せて戦場を駆けるという考え方は、歩兵の損失を少なくし、さらに機動力を増加させる。この方式は他の国々でもその有効性に気がつき、アメリカ軍のM3ハーフトラックを始め、現在でも各国陸軍が戦車と装甲兵員輸送車を持つ先駆けとなったのである。

(1)大戦後期のドイツ軍軽戦車

　1942年以降の独軍軽戦車は色々と考えられ、試作されたが、ほとんど量産化に至っていない。独軍軽戦車は大戦初期には活躍の場が有ったのだが、その弱装甲と弱武装(2cm砲と機銃)では役に立たなくなったからである。

　独軍軽戦車の生産は42年までででほとんど打ち切られ、Ⅱ号戦車A～L型まで647両にすぎない。(他に38(t)軽戦車1,168両の生産がある。)

Ⅰ号F型　(アラン/inj)
　機銃のみの武装だが重装甲偵察戦車のムードを表現している良質なキットである。実車は30両のみの生産に終っている。

Ⅱ号J型　(アラン/inj)
　キャタピラ、ホイール、小物などⅠ号F型との共通部品を用いたキット。実車は22両のみ生産されている。

7.5cm砲搭載38(t)偵察戦車 (VM/inj+SC)及び(ドラゴン/inj)
　VM社Sd.kfz.140/1キットは車体は良いのだが2cmと機銃の連装砲塔は使いものにならない。そこで車体が同じ7.5cm砲試作車へと改造。ドラゴン社からの同車キットは対空機銃としているが、同軸機銃としている。

II号ルクス後期型 (タスカ/inj)
　II号ルクス(L型)は100両が生産され、VK130より4両が改装された。ルクス(山猫)は104両生産されたにすぎない。

II号ルクス最後期型 (ミラージュ/inj)
　増加装甲を施した最後期型、テクモッドのキットを改良している。改良だけあって隙間なくきちんと仕上がる。

1号C型(VK601)空挺戦車 (ホビーボス/inj)
　以前にリンク/RKでリリースされていたキットは紹介したので、後期型を選んだ。38両製造され、ロシア戦線に偵察用として投入されている。主砲は長銃身EW141型機銃で、同軸MG34を備え、最高速65km/hを誇る。

(2)第二次大戦後期のドイツ軍装甲車

　ドイツ軍の装甲車は1934年の普通乗用車に8mm装甲を施したKfz.13機銃車から始まり、Sd.Kfz.221〜223.4輪軽装甲車(4.8t、装甲厚14.5mm、最高速度90km/h)、Sd.Kfz.231.6輪重装甲車(5.7t、装甲厚14.5mm、最高速度62km/h)が初期に、Sd.Kfz.231.8輪重装甲車(8.5t、装甲厚15mm、最高速度80km/h)シリーズが大戦中期まで使われた。1944年からはSd.Kfz234.8輪重装甲車シリーズ(11.5t、装甲厚30mm、最高速度90km/h、航続距離900km)が使われた。ドイツ軍の装甲車の生産数は全車種合わせても3,975両で、活躍の割には少ない数であった。

左:Sd.Kfz.222軽装甲車「ノイ」(クロムウェル/Rk＋イタレリ製Sd.Kfz.234/1.Con)
右:Sd.Kfz.247/B軽装甲車(ソブリン/Rk)
　両車とも試作の域を出ないマイナーな車両である。Sd.Kfz.222はイタレリの234/1.8輪重装甲車のコンバージョンキットである。ソブリンのSd.Kfz.247/Bは、武装がなく淋しいので、機関銃を持った乗員のフィギュアを載せてみた。

　重装甲偵察車Sd.Kfz.234シリーズには、234/1～234/5まで各型あり、234/1は2cmkw38L/55、234/2は5cmkwk39/1が搭載された(各々200両、101両生産)が、武装強化のため234/3では7.5cmkwkL/24を、234/4では7.5cmPak40L/46を搭載し対戦車能力を高めている。(各々174両、58両生産)234/5の試作型で終る。

Sd.Kfz.234/2重装甲車 プーマ(ドラゴン/inj)
　5cm対戦車砲を砲塔に搭載した本格的重装甲車である。同シリーズはイタレリで過去に出ているが、砲塔装甲厚はドラゴン製の方が良く表現されている。

Sd.Kfz.234/3 7.5cm砲型(ドラゴン/inj)
　このキットのインテリア表現は素晴しい。そこですべてオープンのままに完成させている。

Sd.Kfz.234/1＆234/4(イタレリ/inj)
　ドラゴンでも同じキットは出ているのだが、作りにくい上に、表現におかしな点が有り、イタレリのキット、特に234/4対戦車自走砲 パックワーゲン に軍配が挙がる。

Sd.Kfz.234 2cmFLAK(イタレリ/inj+ニューコネクション砲・con)
Sd.Kfz.234/5 7.5cmkwkL/48
(イタレリSd.Kfz.234/3+SC笹川作)
　Sd.Kfz.234重装甲車の試作車両2車種を製作。両車とも過大な砲で、スペースが不足していることがよく判る。

(3)装甲兵員輸送車

軽装甲兵員輸送車Sd.Kfz.250

1t牽引車(Sd.Kfz.10)をベースとし、前面10mm側面8mm装甲で被い重量5.4〜5.6t、乗員6名、武装はMG34×2、最高速度60km/hであった。1941年6月から4,250両が生産された、初期の旧型アルテと43年より単純平面化され、2,378両が生産された後期の新型ノイがある。

Sd.Kfz.250の派生型

各型式	名称	乗員数	武装
250/1	標準型	6	MG34×2
/2	電話通信車		
/3	無線指揮車	250/8	7.5cmk51自走砲車
/4	観測車(突撃砲隊)	/9	2cmkwk38戦車砲搭載車
/5	観測車(軽捜索用車)	/10	3.7cmpak39対戦車砲搭載車
/6	弾薬運搬車	/11	2.8cm対戦車銃搭載車
/7	8cm重迫撃砲車	/12	測定車(砲兵観測車)

　Sd.kfz.250派生型の乗員数は/6で2名、/11のみ6名、あとは3〜4名、武装は主武装以外はMG34 ×1である。

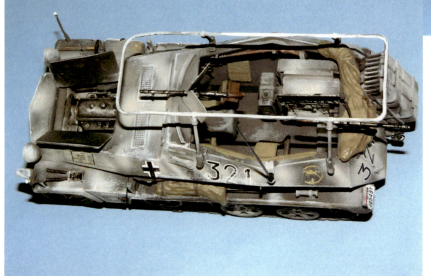

Sd.Kfz.250/1軽兵員輸送車(グンゼinj)
　最初の軽兵員輸送車旧型アルテの標準型である。キットはインテリアまで再現され、組み易く、これをベースにした各型式がリリースされた。
Sd.Kfz.250/3アルテ無線指揮車
(タミヤ/inj)
　標準車台内部に大型無線機を積み、上部にフレームアンテナを架設した無線指揮車。他にも古くは日東科学、後にはグンゼからキットが出ている。

Sd.Kfz.250/9偵察車2cm戦車砲搭載型アルテ(タミヤ/inj)
&ノイ(グンゼ/inj)　右側
　アルテ&ノイ2cm対戦車砲(対空兼)は同軸機銃を砲塔(Sd.Kfz.222と同じ)内に持つ。車両を比較すると複雑な外形アルテを新型ノイでは平面構成とし単純化し量産し易くなっている点が分る。

Sd.Kfz.250/11 sPzB41 2.8cm対戦車砲型(グンゼ/inj)
Sd.Kfz.253砲兵観測車(ドラゴン/inj)
　アルテ車体の2車種250/11は250/10　3.7cm搭載車の代替車(小隊長車)として作られ、Sd.Kfz.253はSd.Kfz.250車台をベースに装甲厚を強化(前面18mm)した突撃砲部隊(中隊長車)用観測車である。

Sd.kfz.250/5軽観測司令車ノイ　(グンゼ/inj)　前列左側
Sd.kfz.250/8 7.5cm砲型シュツンメル　(グンゼ/inj)　前列右側
Sd.kfz.250/10 3.7cmPAK対戦車砲型アルテ　(タミヤ/inj+ショーモデリングEP・Con)
Sd.kfz.250 5.0cmPAK対戦車砲型ノイ　(日東/inj+SC　笹川作)　後列左側

Sd.Kfz.250/7 8cm重迫撃砲車ノイ(タミヤ+ADV/RK.Con)
Sd.Kfz.250/10 3.7cmPak対戦車砲型ノイ(ドラゴン/inj) 右側

Sd.Kfz.252弾薬運搬車(タミヤ+SC三浦正貴氏作)
　Sd.Kfz.253同様前面装甲厚18mmと強化し30両のみ作られた弾薬運搬車。この車両は後に、250/6に取って代わられた。三浦氏は弾薬運搬トレーラーもスクラッチしている。

Sd.ktz.250/1ノイ　(グンゼ/inj) 土居雅博氏の小ディオラマ
250系ノイの基本形であり、小型でこのような軽装甲車は、偵察と連絡を主任務とした。

中型装甲兵員輸送車Sd.Kfz.251

　3t牽引車(SdKfz11)をベースに、前面14.5mm側面8mm装甲で破われ重量7.8〜9t、乗員12名、武装はMG34×2、最高速度53km/hであった。1939年6月からA〜C型(アルテ)4,650両、43年9月からD型(ノイ)10,602両が生産された。

各型式	名称	乗員数	武装
251/1	標準型	12	MG34(42)×2
	他に　ロケットランチャー型	7	28cmロケット×6とMG×2
	"ファルケ"(夜間戦闘型)	12	MG34(42)×2
/2	8cm重迫撃砲型		
/3	装甲無線車	251/15	装甲投光用車
/4	牽引車兼弾薬運搬車	/16	1.4cm×3火焔放射装甲車
/5	砲兵、工兵無線指揮車	/17	2cmFLAK38対空砲型
/6	装甲指揮車	/18	砲兵観測車
/7	工兵架橋車	/19	電話中継車(移動電話局車)
/8	装甲病院車	/20	赤外線探照灯車"ウーフー"
/9	7.5cm自走砲(シュツンメル)	/21	1.5cm×3連装対空機銃車
/10	3.7cmpak39対戦車砲搭載車	/21	
/11	装甲電話車	/22	7.5cm/L60kwk対戦車自走砲型
/12	装甲測距資料車	/23	2cmkwk(Sdkfz234/1と同じ砲塔)
/13	装甲聴音記録車		を搭載
/14	装甲音響測距車		

Sd.kfz.251派生型の乗員数は/8、/9で3名、あとは4〜8名、武装は主武装以外はMG34または42×1〜2である。Sd.kfz.251/3〜/6はいずれも砲兵隊用であるが43年初めに廃止された。251/20以後はノイ車体のみである。

Sd.kfz.11 3tハーフトラック(AFVクラブ／inj)
Sd.kfz.251のベースになったハーフトラック。キットは運転席と荷台に隙があるが、これを詰めて作っている。

Sd.kfz.251/1　C型アルテ標準型(タミヤ／inj)
Sd.kfz.251/1　B型アルテ3.7cm対戦車砲型(ズベズダ／inj)

Sd.kfz.251/7アルテ工兵架橋車(ドラゴン/inj) 右側
Sd.kfz.251/16アルテ 火焔放射装甲車(ドラゴン/inj) 前列左側
Sd.kfz.251/6アルテ装甲指揮車(ドラゴン/inj) 後列

Sd.kfz.251/17アルテ2cm対空砲車(AFVクラブ/inj)＆**メルセデス5400**(ADV/RK)
両車ともヘルマンゲーリング師団使用車
Sd.kfz.251/17の側面は、対空戦闘時にはオープンし、全周射撃が可能となる。キットは対地戦用にも組み立てられ写真例はそれを示している。

Sd.kfz.251/9ノイ7.5cm自走砲後期型(AFVクラブ/inj)

Sd.kfz.251/22ノイ7.5cm対戦車砲型"パックワーゲン"(AFVクラブ/inj)＆(タミヤ/inj) 右側

Sd.kfz.251/22 7.5cm/L48搭載試作車
(タミヤ251/22＋SC笹川　作)
Sd.kfz.251/22 7.5cm対戦車砲型はエンジン点検ハッチが一枚の方がタミヤタミヤ製。二枚に開く左側がAFVクラブ製。より強力な48口径戦車砲を搭載した試作型は内部容積の不足から量産されていない。

Sd.kfz.251/21　1.5cm×3連装対空機銃車
(AFVクラブ/inj＋EP)
　キットには、メタル砲身エッチングパーツ防楯など入り、楽しい内容になっている。

Sd.kfz.8.DBIO・12t重装甲牽引車&17cmカノン砲(トランペッター/inj)

　Sd.kfz.8.12tハーフは近年東独で発見され復元された試作車であり、重装甲兵員輸送車にも分類される。重砲の牽引車であるので、17cm重砲を牽引させてみた。キットでもその長さは45cmにもなり、写真では分割している。17cm砲は牽引時の説明と部品がいいかげんなキットである。

2.ティーガーI型重戦車

　KV-1、T-34の強力さにショックを受けたドイツ軍は、1937年から重突破戦車として研究中だった重戦車の開発を早めることを決定した。この戦車が後のティーガーI型重戦車となる。

　ティーガー重戦車は1942年8月から量産されたが、基本的設計はⅢ、Ⅳ号戦車と同じ各鋼板の溶接構造であり、重量57t、装甲厚は前面100mm、側面80mm、武装は当時の如何なる戦車も一撃で破壊できる88mm高射砲を改良した56口径88mm戦車砲が搭載されている。足廻りはトーションバースプリングで懸架した転輪を挟み込み(オーバーラップ)式に配置する方法が取られている。この懸架装置は整備しにくいものであったが信頼性の高い機能である。さらに主砲の照準器は有効距離

4,000mの精度を持ち、各乗員間の通信にはインターコムが装備されるなど、新機軸を盛り込んだ世界最強の重戦車であった。さらに、長所は乗員毎の脱出口の多いことであり、(これはほとんどのドイツ戦車の特徴でもあった。)ドイツ軍戦車隊がよく再興出来た理由のひとつになっている。欠点は重量に対するエンジン出力の不足で、最大速度は37km/hを出せたが、燃費が悪く満タンの534ℓでも路上で100kmしか走れなかった。しかしながら、88mm砲の攻撃力と装甲防禦力の高さは無敵伝説を作り、連合軍各国はティーガーに対抗する戦車の開発を始めたのであった。

ティーガー以前の試作重戦車

VK3001 (H)VI号A型 (トランペッター/inj)
ティーガー開発時に試作されたが、不採用となり、後にこの車体を利用して12.8cm対戦車自走砲"シュトゥラー・エミール"(後述)に改造された。

VK3601(H)試作重戦車(ニューコネクション/RK+Mtl)
8.8cm砲を搭載する重戦車として6両が試作(車体のみ完成したらしい)されたが、不採用となった。

(1) ポルシェ・ティーガー

　ヘンシェル社と開発競争に敗れたポルシェ社のティーガーは、ヒットラーお気に入りのポルシェ博士の設計であり、両車の比較テスト前にすでに90両が先行生産されていた。本車は駆動方式にエンジンで発電機をまわしその電力で動く、ディーゼル/エレクトリック方式を採用した。しかし信頼性が低く、思ったほど機動力が出ず(最高速度30km/h)開発は中止された。そこで、この車体を流用し、ティーガーⅠ型の88mm/56口径戦車砲よりさらに強力な88mm/71口径対戦車砲という強力な主砲を搭載した重駆逐戦車(フェアディナント)が作られた。前面装甲200mmという重装甲と大威力砲を持ったドイツ最初の重駆逐戦車として、クルスク戦に投入されるが、機銃装備がないため、ロシア戦車に対しては大戦果をあげたものの歩兵の近接攻撃に大損害を出してしまった。

VK4501(P)試作重戦車(イタレリ/inj)
　ポルシェ博士の設計した戦車であったが、前述の理由でヘンシェル社のティーガーが採用され、不採用となった重戦車。

Sd.kfz.181　VI号CP.7重戦車(ドラゴン/inj)
　この型のティーガー(P)は5両のみ完成し、デーレルスハイムで訓練用として使われた。

フェアディナント重駆逐戦車(ドラゴン/inj)

ベルゲティーガー(P)(ドラゴン/inj)
　エレファントを回収するために作られた工作車である。これもアキュレットからも出ている。

エレファント重駆逐戦車(ドラゴン/inj)
　車体銃を持たない(上、前記)方が旧型フェアディナントであり、車体銃を新設した方が改修型エレファントである。エレファントは他にも古くはニチモ、イタレリ(トミー)で、ガレージキットとしてはアキュレットからリリースされている。

105

(2)ティーガーI型(Ⅵ号E型Sd.kfz.181)

　ティーガーI型は生産時期によって、極初期型(1942年8月～1943年1月)、初期型(～7月)、中期型(7月～1944年2月)、後期型(1944年8月まで)の4つのタイプ、計1,354両が生産されている。

　極初期型は1942年8月、東部戦線レニングラード戦線で初めて実践に投入された。次いで北アフリカチュニジア戦線に投入されたが、その特徴は車体前面の2段に折れた泥よけ、戦闘室前面のライト、ドライバー用ペリスコープの二つの穴、砲塔両側面のピストルポート、角型排気管カバーなどがあげられる(イタレリのチュニジア戦仕様が極初期型)

　初期型は、泥よけが車体幅まで広がり、ライトは戦闘室上面に、ドライバー用ペリスコープの廃止、右側ピストルポートが脱出ハッチになり、排気管カバー、エンジンの改良がされている。

　中期型はライトが中央一個だけとなり、キューポラの改良、トラベリングクランプ、ツィンメリットコーティングの追加装備が見られる。

　後期型は転輪が鋼製転輪となり、主砲照準口がひとつに、さらに砲塔上面に近接防禦兵器が装備され、トラベリングクランプは廃止されている。

ティーガーI極初期型　(ドラゴン/inj)
　潜水装置を付け、いよいよ潜水のため点検中というディオラマにも最適なキット。

ティーガーI極初期型チュニジア戦仕様(イタレリ/inj)

ティーガーⅠ前期型(アカデミー/inj)
　インテリア付きのキットである。8.8cm砲弾が足りないので、タミヤMtl製砲弾を使用している。ティーガー内部はなるほどこうなっているのかと教えられる。

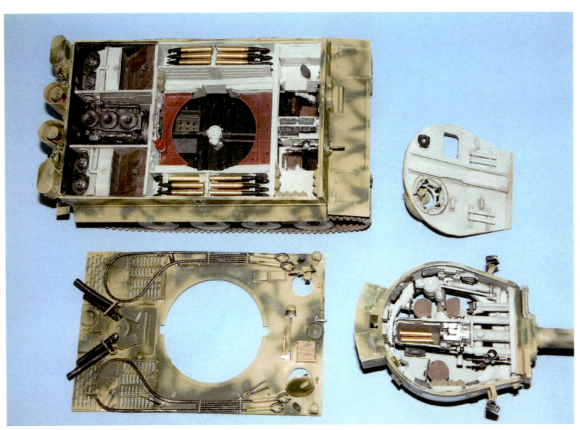

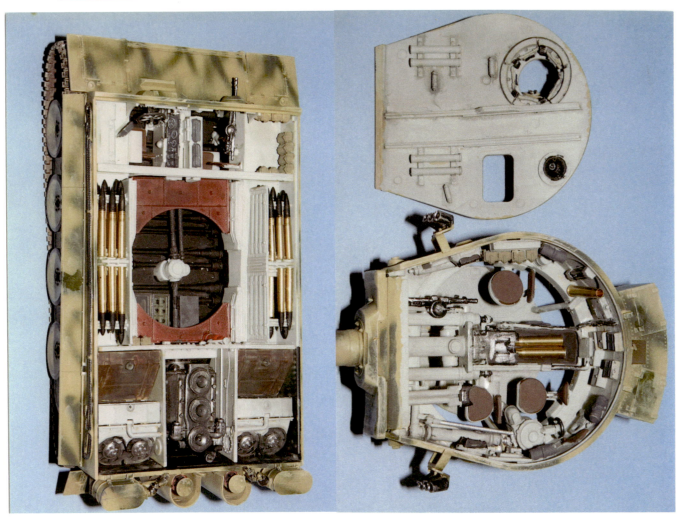

107

ティーガー中期型 （タミヤ/inj　土居雅博氏作）　ディオラマ
　ディオラマで使用したキャタピラはモデルカステン製、Sdkfz251/1ロケットランチャー搭載型はタミヤ製である。小誌「パンツァーファイル」の表紙用に製作された作品。

ティーガーI重戦車後期型　（イタレリ/inj）
　タミヤのキットと比べても遜色無い。かえって最初からツインメリット・コーティングを施しているので製作が楽なキット。

ベルゲティーガー　（イタレリ/inj）
　イタレリ社ティーガー初期型からのバリエーションキットである。改造といっても砲塔のみ新製。

ツュルム・モーゼル・ティーガー（イタレリ/inj）
　同じくイタレリ社ティーガー初期型からのバリエーションキットであるが、タミヤ同車と比べても遜色なくエンジンなど車体内部パーツが入っている。（モーゼルティーガについては後述）

ティーガーI最後期型　（AFVクラブ/inj）
　最後期型の最新キットだけあって。タミヤ、ドラゴン、イタレリ各キットと比較して最上のキットと思われる。塗装は箱絵と同色調としている。
　この色調はムンスターT/M（独）の同車と全く同一である。どちらが先に塗られたのか、興味深い。

3.大戦後期のドイツ自走砲

　慢性的な戦車不足に悩んだドイツ軍は、旧式戦車や捕獲したチェコ、フランス戦車の車台を利用した自走砲を数多く作った。砲塔を持たない自走砲は射角が限られ、目標を撃つ毎に車体の向きを変えねばならない。また上部構造物は薄い鋼板で丸囲いをしただけなので防禦力は弱く、一撃で破壊されてしまうことが多かった。しかし、時間的にも、資源的にも余裕のないドイツにとって、大きな攻撃力を短時間で簡単に得られる方法としては最良の手段であった。こうして大々的に自走砲が作られることになるのである。

(1)自走榴弾砲

　大戦初期のドイツ機甲部隊の野砲はハーフトラックに牽引されていた。しかし東部戦線のロシアの悪路に悩んだドイツ軍は野砲にも機動力を与えるために、旧式化した戦車や捕獲した戦車の車台を利用し、上部に榴弾砲と簡単な装甲を施した自走榴弾砲を開発した。代表的なのがII号戦車をベースに105mm榴弾砲を搭載したヴェスペと、III/IV号車台に150mm重榴弾砲を搭載したフンメルである。ヴェスペは840両、フンメルは816両作られている。なお両車両とも砲を外した弾薬車が、ヴェスペ弾薬車は158両、フンメル弾薬車が150両作られている。

a. 試作自走砲

12.8cm重対戦車自走砲VK3001 "エミール" (トランペッター/inj)
　VK3001エミールは以前のミニアートスタジオ社製よりずっと良い出来である。

10.5cmIV号a型対戦車自走砲"デッカー・マックス"
(トランペッター/inj)
　IV号a型は2両が試作されたにすぎない。両車の内部を見せている。

Ⅲ/Ⅳ号 10.5cm"ホイシュレッケ"ラインメタル製　(FSC 笹川作)

クルップ製Ⅲ/Ⅳ号10.5cm"ホイシュレッケ"
(ドラゴン/inj)
両軍共に砲塔を外して地面に設置できる自走砲であり、ラインメタル製はドラゴン社フンメル後期型車体を利用。Le.FH.18 10.5cm砲(AFVクラブ/inj)を内部に入れ製作。取材を行ったダックスフォード(IWM別館)に残る実車と同じ塗装している。クルップ製とラインメタル製のホイシュレッケは全く違うタイプであることがよく分ると思う。車両ともに1両ずつ試作されたのみである。

10.5cmⅣ号b型自走榴弾砲(トラスペッター/inj)
　Ⅳ号戦車車台を2/3程度に縮小し、限定旋回の砲塔に10.5cm榴弾砲を搭載した自走砲。1両のみ試作された失敗作。キットは失敗作ではなく、仲々良い。

110

b.10.5cmおよび15cm自走榴弾砲

ロレーヌ観測車 （アイアンサイド/RK）　右側
　捕獲仏国製ロレーヌ牽引車々台を改造。かなり傾斜が付いた装甲車体としている。キットはADV社本店（パリ）内での限定版である。内部及び機銃は他より流用し作り込んでいる。
FCM10.5cm自走榴弾砲　（ファインキャスト/RK）　後列
　同じく捕獲仏国製FCM軽戦車々台そのままに、10.5cm榴弾砲を搭載し、装甲を施した自走砲。キットは側面装甲は厚すぎ、砲も良くないが手を入れずそのまま作っている。
ロレーヌ15cm自走砲榴弾砲　（RPM/inj）　前列
　欧州タイプとアフリカタイプの2種発売され、こちらは欧州タイプ。

ヴェスペ 10.5cm自走榴弾砲　（タミヤ/inj）
フンメル初期型15cm自走榴弾砲　（ドラゴン/inj）

フンメル前期型 (ドラゴン/inj)
フンメル(マルハナバチ)には、砲弾18発しか積めなかったため、砲を外した弾薬補給車が別に造られている。

フンメル最後期型 (タミヤⅣ号＋SC)土居雅博氏作
操縦手コンパートメントが大型化されて、側面の空気取り入れ口に装甲カバーが取り付けられている。

Ⅲ号H型砲兵観測車(ドラゴン/inj)
戦闘室、車体前面に30mm増加装甲を施こし、主砲はダミーで、機銃一挺のみ。キットも実車同様増加装甲板と砲塔が入っている。

ヴェスペ弾薬運搬車 (タミヤ社ヴェスペ+SC 笹川作)
「Budapeszt Balaton45'121」(Militaria ポーランド)P.68に車体上部に手すり付きのヴェスペ運搬車が見られる。ヴェスペ(スズメバチ)には32発しか砲弾が搭載出来ず、随伴する弾薬運搬車が必要であった。

ヴェスペ(NKC/RK)と**10.5cm榴弾砲**(グンゼ/Mtl)のディオラマ(土居雅博氏作)
馬引牽引タイプと自走砲の105mmの対比である。本来は機械化された自走砲の方が良いのだが、故障するとこうなる。ほほえましいディオラマ。

c.超重自走砲

カール自走砲後期型＆IV号弾薬搬車　左、下
(いずれもトランペッター/inj)

　8.4口径/60cm砲を搭載するカールは重量124tの巨大自走砲である。射程は6,800mしかないが破壊力は抜群で、セバストポリ要塞攻略戦に投入され、2.2tの弾丸は2.5mのコンクリートを一発でぶち抜いた射撃時姿勢としている。

113

(2)突撃砲後期型

　第一次大戦以来、戦車の主任務は歩兵を支援しての敵陣突破であると考えられていた。しかし、電撃戦においてドイツ機甲部隊は猛スピードで進撃した。スピードの遅い歩兵は機甲部隊に合わせて動くことはできず、そこで独自の援護戦車、即ち歩兵部隊に随伴する装甲を持った砲兵「突撃砲」が開発されることになった。

　突撃砲はA型がフランス戦で1個中隊使われてその戦術効果が確認された(第2章1.(4)のD型までの写真参照)。ソ連侵攻前にはC、D型が作られ、若干数は北アフリカ戦線で活躍している。E型はバルバロッサ作戦と同時に作り始められたが短砲身75mmではKV-1、T-34に太刀打ちできないことがわかり、F型より長砲身75mm砲を搭載することになる。こうして、突撃砲は歩兵援護というよりは戦車不足を補う対戦車車両として使われるようになる。主力戦車がⅣ号、パンターへと換わっていくとⅢ号戦車車体はすべて突撃砲用に生産されることになる。Ⅲ号突撃砲G型は攻撃力も高く40km/hの機動力、前面装甲80mmの防禦力を備え、戦車より生産が簡単なので7,893両もの大量生産が行なわれた。28口径/10.5cm榴弾砲を搭載したタイプも1,114両も作られ、大戦中期以後のドイツ軍戦車戦力の中心であった。1944年1月からはⅣ号戦車も突撃砲に改造され、実にⅢ、Ⅳ号突撃砲、あわせて1万548両もの突撃砲が作られたのであった。

Ⅲ号突撃砲後期型とⅣ号突撃砲

Ⅲ号突撃砲後期型　後列右より
Ⅲ突E型(ドラゴン/inj)短砲身型
F型(ドラゴン/inj小池一郎氏作)
F/8型(ドラゴン/inj)
G型極初期型(ドラゴン/inj)前列右より
G型初期型液化ガス搭載型(ドラゴン/inj)
G型後期型(グンゼ/inj)

Ⅲ突G型戦車車台(ドラゴン/inj+SC　真中一光氏作)
Ⅲ号戦車シャーシに突撃砲用増加装甲を付けたG型を一部スクラッチしている。

Ⅲ号突撃砲長砲身型
前列右から
Ⅲ突G初期型(タミヤ/inj　土居雅博氏作)　**Ⅲ突G,後期型**(ドラゴン/inj)
後列右から
Ⅲ突F型(ドラゴン/inj)　**Ⅲ突G中期型**(ドラゴン/inj)

Ⅳ号突撃砲7.5cm砲
前列右から
Ⅳ突後期型(CMK/inj+EP)　**Ⅳ突最後期型**(グンゼ/inj+SC笹川作)
後列右から
Ⅳ突初期型(タミヤ/inj)　**Ⅳ突後期型**(ドラゴン/inj)

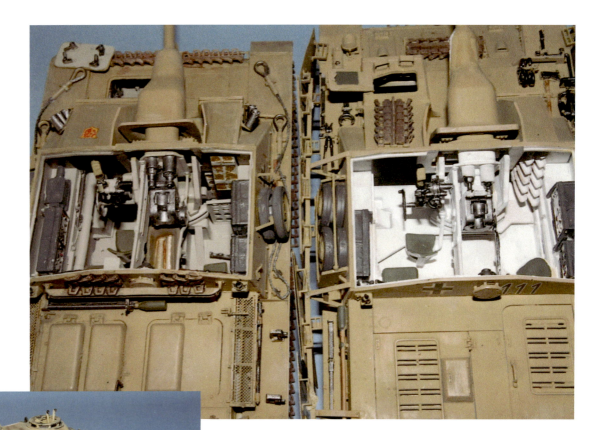

III突、IV突のインテリア比較 III突(グンゼ+RK)&IV突(CMK/inj)
左のIII突インテリアはグンゼ製/RK、右のIV突内部の広さがよく分る。

IV突最後期型(グンゼIV突+SC　笹川作)
　IV突は1141両も作られた割には現存する実車は残っておらず、実体が不明な点が多い。製作に当たってはグランドパワー誌97年11月号「ドイツIV号突撃砲」寺田光男氏著を参考としている。最後期型は戦闘室前部装甲が増加されている。

III突G型前期型(ドラゴン/inj)　ディオラマ　土居雅博氏作

その他の突撃砲

IV号15cmSIG突撃砲 "ブルムベア"
ブルムベア極初期型(CMK/inj)
前列右より **初期型**(タミヤ+リンクス/RK COM)
　　　　　 中期型(タミヤ/inj)
　　　　　 後期型(ドラゴン/inj)
　ブルムベアは市街戦での歩兵支援用に装甲の厚い突撃砲として、42式15cm/12口径砲を搭載し、IV号戦車車台から306両作られている。
　極初期型はドラゴン、初期型はトライスターからもリリースされている。

III号15cmSiG 突撃砲 (ドラゴン/inj)
　実車がわずか12両程度しか作られなかった試作突撃砲である。キットは戦闘室内が何もないのでハッチをオープン出来ないのは少し不満が残る。

117

II号試作突撃砲(VK901)(FSC笹川作)
II号戦車G型に7.5cm対戦車砲を搭載した試作突撃砲。(図面と詳細は「パンツァートラクツ」NO20-1、P29参照)
車体はタスカII号L型を利用、転輪はエアフィックス1/32グライフを使用したが、先ずG型車体を作るのに苦労した。

II号G型軽戦車 (EMEWE/inj)
G型は1939年末にII号戦車のスピード化を目的に12両のみ作られた。量産はされず、砲塔はトーチカに流用され車体はII号突撃砲のベースになった。

グリレH型 (ドラゴン/inj)
グリレは38(t)戦車の車台を利用した自走砲であり、歩兵支援用に472両作られている。
アランよりずっとインテリアの再現に優れている。

グリレM型2車種 (アラン/inj)
グリレM型は対歩兵戦闘を主任務とする所から3cmFLAK103/38を対歩兵用に搭載した型と、15cmSiG歩兵砲を搭載した型が有り、アランはこの2車種のキット化している。グリレM型キットは少々組み立てにくいキットであった。

(3)ドイツ軍対戦車砲部隊

　独ソ開戦時には37mm、47mm、50mm対戦車砲を装備していたドイツ軍対戦車砲部隊はソ連軍のKM-1、T34に歯が立たなかった。このため急遽間に合わせに75mm対戦車砲を搭載したマーダーシリーズを中心とした対戦車自走砲が装備されることになった。マーダーⅠはフランス製ロレーヌ牽引車から184両が、マーダーⅡはⅡ号戦車F型より551両が改造された。マーダーⅢは38(t)戦車に75mm対戦車砲を積んだ車両でH型、M型あわせて1,561両という大量の車両が作られ、終戦まで活躍している。これらとは別にⅡ号戦車D型、38(t)戦車にソ連製7.62cm砲を搭載した応急型もある(第21の(4)に示した)。

マーダーⅠ対戦車自走砲　(RPM/inj) 右側
オチキス　対戦車自走砲　(ピットロード/inj)　左側

ホルニッセ　(ドラゴン/inj)後列中央
　8.8cmPAK対戦車自走砲(ナースホルン初期型)のリメイク版キットである。前回のキットが合いが悪く不評であったが、今回は改善されている。
マーダーⅡ対戦車自走砲　(ドラゴン/inj)　前列右側
　タミヤ社と比較すると防盾の角度差が少しおかしい角度だと思う。
マーダーⅡ対戦車自走砲　(タミヤ/inj+SC)　後列右側
　「アハトゥンク・パンツァー第7集Ⅰ&Ⅱ号とその派生型」にマーダーⅡの外観、内装の詳細を見るにつけ、旧作とは言えひどい出来なので、随分と手を入れ作り直した。
マーダーⅢM型対戦車自走砲　(タミヤ/inj)前列左側
　T社にしては、7.5cm対戦車砲弾が砲弾ラックに入らないというミスキットであり、後に入るように作られた7.5cm砲弾(Mtl)が発売されている。
マーダーⅢH型対戦車自走砲　(イタレリ/inj+SC)　後列左側
　かなり古いキットであり、T社7.5cm砲(Mtl)が発売されたので、外部、内部ともかなり手を加え、砲ラックにこのMtl砲弾とT社マーダーⅢ(r)部品をかなり使って作り直した。

FCM対戦車自走砲 (NKC/RK)
　仏国製FCM軽戦車々台に7.5cmPAKを搭載した自走砲。キットは内部も、装甲車も厚すぎ、さらには砲も使いものにならずT社マーダーIIから流用。前頁の前列中央参照

マーダーIII試作型 (ドラゴン/inj 上田昌夫作) 上、左
　歯科矯正家上田先生から寄贈された先生の快心作である。7.5cm戦車砲を搭載しているが、重量オーバーのためか、量産には至っていない。
　独軍車両の塗装法、特にダークイエロー単色時の塗装について、JAMES会員各位が参考とした。

マーダーⅢH型 (トライスター/inj)
　38(t)戦車の派生型の第1弾である。対戦車自走砲となると、オープントップ車両で、内部インテリアが完備していなければならない。前述の38(t)シリーズはいずれも良い出来だったので、期待していたのだが、これは非常に組立てにくく残念なキットである。その原因は組立説明書の不確かさに有る。

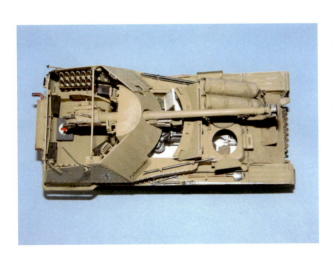

マーダーⅢH型後期型(サイバー/inj)
　同じマーダーⅢH型であるが、後期の38(t)E/F型から改造されたタイプ。軟質樹脂製の幌がぴったり合う。サイバーは以降、ドラゴン社製と一括表示する。

マーダーⅢ液体ガスボンベ搭載型 (ドラゴン/inj)　左上、下

121

ナスホルン(タミヤ/inj)
　8.8cmPAK43/1、L71砲搭載重対戦車自走砲。後にナスホルン(さい)と改称されたホルニッセ(すずめ蜂)は強力な対戦車砲を有し、494両製作され重駆逐戦車大隊に配属された。キットは乗員フィギュアも抜群の出来。T社には車体が共通のフンメルも期待したい。

RSO7.5cmPAK40対戦車自走砲(イタレリ/inj)
RSO/03 7.5対戦車砲牽引車(イタレリ/inj)
RSO7.5山砲運搬車(イタレリ+ヘッカー&ゴロス/Mtl砲+SC)
　I社RSO/03は7.5PAK/40牽引車キットをそのまま組み立て、もう1両は車体を延長、7.5cm山砲運搬車に改造した。

(4)ロケット砲車と野戦司令部隊用車

　第二次大戦中にロケット弾を大量に使用したのはドイツとソ連であった。ソ連軍のカチューシャロケットは命中精度は悪かったが、一方のドイツ軍は15～32cmの各種ロケットを持ち、命中精度も破壊力もすぐれていた。破壊力の大きなロケットは火力の集中が出来るので、現在では世界中で使われている。ここではドイツ軍の各種ロケット砲車を示している。

ユニックP107装甲司令車(H&K/RK)
　捕獲仏国製牽引車に装甲を施し3基の無線機を積んだ司令部用車。キットは車体はかなりのすり合わせが必要。小部品も他からかなり流用している。
テンポG1200偵察用ジープ(プラスモデル/RK)
　野戦偵察用4WD乗用車のキット。車体RKはかなりゆがんでおり、かなり苦労するキットでおすすめできない。
Sd.kfz.11/5ロケット弾運搬車(アルビィ+RK)
　自走ロケット砲への弾薬運搬車のキット。キャタピラは使い物にならずT社Sd.kfz.251のものを使用。

ユニックP107の内部

オチキス砲兵観測車H38(ピットロード/inj)
オチキス(H39)重ロケットランチャー40型(ピットロード/inj)
　ピットロード社オチキスはエレール社製キットより全然良いキットであり、組立て易い、カラー塗装ガイド付きのおすすめ。

ロレーヌ&ルノーUEロケット砲車(RPM/inj&ミラージュ/inj)
ソミュア中戦車独軍仕様(無線指揮車)をロケット部隊の指揮用車として作ってみた。ソミュアはグンゼ再販を使用した。

スタイヤー乗用車(タミヤ/inj)　前列左側
ベンツ170V乗用車(ADV/RK)　後列左側

オペル無線中継車(イタレリ/inj)　上、右
　良いキットなのだが、内部が何も無い。ドラゴン社コマンドポストを利用し、インテリアを作り込んでいる。結構大きな車体なので比較にスタイヤー乗用車とベンツ170V乗用車を置いてみた。

キュベルワーゲン病院車 (ベゴ/inj)＆**フェノメーン病院車**(Vf)
オペルキッチンカー(イタレリ/inj)　後列右側
　オペルブリッツ後期型荷台にフィールドキッチン後期型(SMA/RK)を乗せている。対比に病院車を置き、ディオラマ風にフィギュアも配置して撮影してみた。

オペル・マウルティアロケット砲車(イタレリ/inj)
sWSロケット砲車(NKC/RK)　後列左側
ロケット砲兵(タミヤ/inj)　中央
　オペル・マウルティアロケット砲車と比べるとsWSがいかに大きいかがよくわかるであろう。sWSロケット砲車は車体内部も再現されている。

V-2ロケット（ドラゴン/inj）＆Sd.kfz.7/3ロケット管制車（タミヤ8tハーフ＋リードウォリア/RK.Con）

大陸間弾道ミサイルの元祖として有名なロケットで、ロンドン空襲に使用された。カレー（仏国）にはleBlochaus V-1.2、ロケット発射司令部跡とセントオメル（Saint-Omer）のロケット発射基地が公開されている。ここには2基のV-2が現存して居り、取材したその1基の塗装と同じとしている。
ロケット管制車の8tハーフトラックと並んでみるとその大きさに驚かされる。

4.ドイツ軍工兵隊と特殊車両

　工兵部隊は地雷の除去や架橋、障害物を取り除いたりして機甲部隊の進路を切り開くのが重要な任務であった。また、敵陣への火焰放射やトーチカなどの爆破など、工兵の任務は多岐に渡った。

　工兵用トラック、地雷除去車、火焰放射戦車と装甲列車を紹介する。(地雷除去車は前述)

イタリア戦線の整備車両部隊
　　(土居雅博氏作ディオラマ)　右、下
M40セモベンテ(イタレリ/inj) ビュッシングNAG4500クレーン車(ADV/Rk) ベンツ3t工作用トラック(Vf＋イタレリ製オペルブリッツ)

Ⅲ号突撃砲F型火焰放射型(ドラゴン/inj)

左:Sd.kfz.251/7ノイ、工兵架橋車
(タミヤ+SC笹川作)
右:Sd.kfz.251/16ノイ、火焔放射装甲車
(タミヤ+ADV/RK・Con)
　両車とも資料が豊富にあるのでしっかりと内部まで作り込んでいる。Sd.kfz.251/16のADV製改造キットは、火焔放射器のホースを自作せねばならない。

ソミュア装甲工兵運搬車Somua S307(f).MCG (DES/RK)仏軍ソミュア・ハーフトラックに装甲を施し、架橋を両側に装備したAPC。キットは良くこの傾斜装甲面を表現している。

ベンツL4500Rマウルティア(ズベズタ/inj)
　トラクターとして砲兵、工兵に多用された車両。II号戦車の足廻りが非常に良く出来ており、荷台で破われてしまうと見えなくなるのがもったいない。他にも大戦後期のトラクター類は数多くあるのだが旧著を参照して欲しい。

T-34(r)弾薬運搬車(タミヤ−34+ニューコネクション/RK.Con)
T-60(r)弾薬運搬車(RPM/inj)　前列
　ロシア軍捕獲車両の砲塔を外し、弾薬運搬車とし多数作られている。

II号J型戦車回収車(アランII号J型+ニューコネクション/RK・Con)
J型車台に木製架台を取り付け簡易型クレーンを載せるだけのキット。

シュツルム・モーゼルティーガー(NKC/RK)に給弾するオペルマウルティア(イタレリ/inj)のディオラマ(土居雅博氏作)　上、左
　38cmロケット砲弾を発射するモーゼルティーガーは18両のみ作られ、ドイツ本国での防御戦には猛威を奮った。これはRKだが、タミヤ社及びAFVクラブ社からも発売されている。

II号D型架橋戦車（アラン/inj）　上、右
II号D型車体にそのまま木製橋と橋を支える治具を載せただけの車両。キットも橋部分の追分のみ。

II号D型火焔放射型（アラン/inj）　上、右
　旧式兵器となったII号D型は他に転用された。火焔放射型はアイアンサイドよりずっと良いキット。特に前部のラバーフェンダーが良く表現されている。

129

装甲列車

重対戦車装甲列車(FS 後藤恒徳氏 作)
　タミヤ社Ⅳ号砲塔2ヶ入りのキットとして、シュバルト社(後藤氏の会社)から売り出された。キットは車体はFRP製、細部品はT社部品を流用する。

対戦車装甲列車Ⅱ型(トランペッター/inj)
　Ⅰ型と同時に発売されたがⅠ型は無砲塔でありこちらを選んだ。

軌上装甲偵察車ドライジーネ
(グンゼ/inj)
　これはフレームアンテナ装備の無線指揮車タイプだが、同じ車体にⅢ号戦車N型の砲塔を載せたタイプと機関銃装備の偵察車も出ている。

130

【表-1】 1939〜1945年のドイツ戦車生産数

車種		1939〜40	1941	1942	1943	1944〜45	合計
軽戦車	Ⅱ号戦車A〜L型	24	233	306	77	7	647
	38(t)	275	698	195			1,168
							(1,815)
中戦車	Ⅲ号戦車A〜K型	1,019	1,673	251	火焔放射型 100		3,043
	L、M型		40	1,907	22		1,969
	N型			447	213		660
	回収車	66	132	50	14		262
	Ⅳ号戦車A〜F1型	325	480	127			932
	F2〜J型			837	3,073	3,161	7,071
							(13,937)
重戦車	パンターD、A、G型				1,768	3,740	5,508
	回収車				82	215	297
	ティーガーⅠ型			78	647	623	1,348
	ティーガーⅡ型					377	377
							(7,530)
自走砲	マーダーⅡ			512	204		716
	ヴェスペ				621	219	840
	38(t) マーダーⅢ			454	799	308	1,561
	グリレ				244	248	472
	対空型他				87	145	232
	ナースホルン				345	128	473
	フンメル			9	464	343	816
	Ⅳ号対空戦車型					205	205
							(5,315)
突撃砲	75mm	184	548	791	3,041	4,850	9,414
	105mm			9	204	901	1,114
	シュトルムティーガー					18	18
							(10,546)
駆逐戦車	Ⅳ号駆逐戦車			24	74	1,746	1,844
	エレファント				90		90
	ヘッツアー					1,577	1,577
	ヤークトパンター				2	228	230
	ヤークトティーガー					48	48
							(3,789)
各型合計		1,893	3,804	5,997	12,151	19,087	42,932

ドイツ軍戦車生産数について

　ドイツ戦車の完成生産数は資料によりまちまちであり、これほど分からないものはない。例えば、「ジャーマンタンクス」（大日本絵画刊）を執筆したピーター・チェンバレンは、「German Tanks of WWⅡ」も著作しているが、双方の生産数の表は随分と違っている。例えば生産数が一番少ないわりに有名なティーガーⅡ型の生産数は、前著では通説の489両、後著では485両、モーターブーフ社の「Kraftfahrzeug und panzer」では459両、最新のオスプレイミリタリーシリーズ「ケーニッヒスティーガー」（大日本絵画刊）では492両である。

　生産数が分からない理由は4つある。

　第一に、試作車両をどの程度のものを含めているのか。走行車体のみか、完成車体なのか、あるいは中間的な実験車両も含めているのか。この表には試作車両を入れなかった。

　第二に、ドイツ軍は工兵の技術が優秀であり、破損した2〜3両を1両にしたり、修理のため工場に送り返されてきた車両を自走砲にしたりという再生を行っている。これら再生車両のカウントをどうしたのか。この表には再生車両は入っていない。

　第三に、記録の保存がしっかりしているのは1941〜44年までであって、1940年以前は試作車まで前線に引っ張り出したりしていること、1945年に入ってからは終戦までの混乱で記録が残っていないことなどがあげられる。この表には1945年分が入っていない。

　第四に、生産数と検査官による受け入れ数はどうも違うようである。

　そこでドイツ戦車総生産数は＜表1＞に、注3と4の数字を加えねばならない。

注1. 1943年Ⅲ号戦車生産はH型火焔放射戦車のみ

注2. ヴェスペ、グリレ、フンメル生産数は弾薬運搬車を含む。

注3. 1932〜39年までに製造した戦車数（3,677両）
　Ⅰ号戦車／1,493両、Ⅱ号戦車／1,343両（Ⅱ号戦車 合計1,800両）
　35(t)／219両、38(t)／243両（38(t) 合計1,411両）
　Ⅲ号戦車／223両（Ⅲ号戦車 合計6,157両）
　Ⅳ号戦車／156両（1945年分385両）（Ⅳ号戦車 合計8,544）

注4. 1945年（1〜5月）までに製造した戦車数（推定）
　パンター／459両（パンター 合計5,967）
　ティーガーⅡ型／112両（ティーガーⅡ型 合計489）
　Ⅲ／Ⅳ号突撃砲／20両（Ⅲ／Ⅳ号突撃砲 合計10,548）
　Ⅳ号駆逐戦車／231両（Ⅳ号駆逐戦車 合計2,075）
　ヘッツアー／1,007〜1,127両（ヘッツアー 合計2,704）
　ヤークトパンター／162両（ヤークトパンター 合計392）
　ヤークトティーガー／29両（ヤークトティーガー 合計77）
　ナースホルン／16〜21両（ナースホルン 合計494）

注5. 指揮戦車と15cm突撃砲（ブルムベア）は、不明な点があり、いれていない。

　以上の合計は「ジャーマンタンクス」を参考にした。

　結論として、ドイツの戦車生産数は約26,500、自走砲5,500、突撃砲12,100、駆逐戦車5,100、合計約49,200両というところであろう。あとは鹵獲車両、特殊車両（回収車、弾薬運搬車）、再生自走砲等、改造され再利用された車両であり、これ以上の数字になるとすれば、これらを含めた数字である。

第5章　戦車王国ソ連

　1941年の独ソ両軍の死闘を物語るには、開戦から約9ヶ月後の両軍の損害をカウントしたほうが早いであろう。ドイツ軍のモスクワ攻略が失敗した1942年3月末の戦車保有数は1,503両で2,700両を失った。兵力は開戦時とほぼ同じ(戦死27万名)である。一方ソ連軍は約17,000両の戦車を失ったが、まだ6,690両を保有していた。200万名以上を戦死又は捕虜になり失ったにもかかわらず兵力は開戦時より100万増えて500万、驚くべき数字である。

　1942年4月、ヒトラーはブラウ(青)作戦を発令する。パウルス大将率いる第6軍はハリコフでソ連軍を破り、22個師団を全滅させ戦車1,270両を撃破、捕虜21万名を得ている。1942年10月までの独ソの毎月の戦車喪失率は1:6.6～7.9である。約7倍の損失という数字だけ見ても、この頃のドイツ機甲部隊の強さがわかるであろう。勢いに乗った第6軍はスターリングラードへ突入した。ヒットラーはこのソ連の独裁者の名を冠した街の占領に熱を上げてしまい、コーカサスの油田地帯の占領という作戦当初の目的は後回しにされてしまった。スターリングラードに突出部を作ったことで戦線は南北3,600km以上に達し、ドイツ国境より1,000km以上離れたドイツ軍の補給路は延びきってしまった。その上、ロシアの秋は長雨が続き、大平原は泥海となり、11月には一夜にして凍土と化す。スターリングラード市街の9割を占拠しながら、逆にソ連軍の包囲攻撃により、1943年1月末にドイツ第6軍は壊滅する。またもや、ヒトラーの方針転換がソ連を救ったのである。パウルスはドイツ史上最初に降伏した元師となり、9万名が捕虜となった。冬季の攻勢こそソ連軍の必勝法であった。幅広い履帯を持ち泥沼や雪上でも楽々と走行できるT-34の独壇場であった。冬季の独ソの戦車喪失率は1:1.3であった。

　独ソの戦車生産量の比較を「表-1」(131頁)と「表-2」(145頁)に示したが、1941年のソ連の戦車生産量はドイツの約1.7倍程度であったが、1942年には4倍、1943年にはドイツの戦車生産量が増えたので2倍に縮まったものの、1944年には3倍に広がっていく。東部戦線では、戦車のみならず大量の航空機も消耗してしまった。このためヨーロッパ上空の制空権を失ったドイツは、連合軍にドイツ本国の戦車工場を空爆されてしまった。それに対してソ連はレンドリース法によって英米から戦車14,000両を含むAFV約2万両とトラックやジープなど軍用車両約50万台を譲り受けていた。加えて、無尽蔵とも言える人的資源、鉱物資源、生産量などのために、増々戦力格差は広がっていった。

　1943年初頭、スターリングラードと北アフリカでドイツ軍が降伏し、大戦の主導権は明らかに連合軍のものになりつつあった。このような戦況を一気に挽回すべく1943年7月、ヒトラーはロシア中央平原において、ツィタデレ作戦を発令する。夏季におけるドイツ軍の戦術的な強さにはまだ定評があり、加えて1943年から戦車生産量も増え、パンターやティーガーを始めとする強力な戦車が続々と補給され始められていたからであった。周到な準備とかつて無いほどの戦力を集中して開始されたツィタデレ作戦であったが、クルスクにおける幾重にも築かれた塹壕線と対戦車陣地に突入したドイツ戦車隊は大損害を出し、ソ連戦車隊と一週間にわたる世界最大の戦車戦を演じる。ドイツ軍はクルスクに、ティーガーI型、フェアディナント、パンターD型、フンメル等戦車、突撃砲2,700両を投入し、対するソ連軍はKV-1、T-34/76戦車、SU-152等3,600両を投入した。7月12日にはプロホロフカ付近でSS第2戦車軍団戦車700両とソ連第5親衛戦車軍850両は近距離で激突した。両軍合わせて800両近い戦車を失いクルスクは戦車の墓場と化した。ドイツ軍に残された戦車は350両と半減していたが、ソ連軍には400両近い戦車が残り、さらに失った数以上の戦車が増援に現れつつあった。補給のない

ドイツ軍に勝機は失われた。

　クルスク戦以後ドイツ軍は撤退を続け、戦線は西へと移動していくのであった。

写真　T-34/76 A型
(タミヤ+SC　土居雅博氏作)
ディオラマ

1. T-34中戦車

　第二次大戦中の最優秀戦車と言えば、独ソ戦の趨勢を決したT-34戦車がまず第一に挙げられるであろう。T-34プロトタイプはフィンランド戦でテストされ、1940年6月、ハリコフ工場で量産が始められた。T-34(A型'40年型)は重量26.7t、武装は76.2mm/40口径砲、この主砲はドイツ軍のⅢ、Ⅳ号戦車を正面から一撃で打ち抜く力があった。装甲厚は車体前面、側面とも45mm、後には(43年型から)前面装甲を65mmに増強。車体装甲板は前面で30度、側面は50度の大傾斜角を持たせてあるため前面防禦力は垂直での90mmに相当すると言う。砲塔は鋳造砲塔と溶接砲塔の二種があり、前面装甲と防盾は45mmの重装甲であった。機動力は、軽アルミ製500馬力ディーゼルエンジンを積み、最高速度51km/h、航続距離356km。攻守走のバランスのとれた戦車であった。T-34/76は1944年中頃まで、A～F型の各型式合わせて35,119両も生産された。ドイツ軍の主力Ⅳ号戦車の出力重量比13馬力/t、履帯幅38cm(F型からは40cm)に比べてT-34は17.9馬力/t、履帯幅48cmと、火力は同程度でも馬力とキャタピラ幅の違いは大きい。速力はⅣ号戦車より10km/h速く、防禦力は2倍。雪中戦となければ機動力の差からT-34に軍配が上がるのは当然であった。

　しかし1943年、ドイツ軍のⅣ号戦車が改修されて強力になり、さらにティーガー重戦車が出現すると76mm砲塔載のT-34では心もとなくなってきた。そこで生まれたのが85mm/53口径砲を搭載して攻撃力を高め、砲塔前面装甲を90mm、防盾は100mmと防禦力を強化したT-34/85中戦車である。砲塔は3人用の大きな六角形鋳造砲塔となり使い勝手がよくなった。1944年3月には85mm/54.6口径砲に強化(1944年型、後期型)し、ドイツ軍重戦車に対抗した。T-34/76の車体重量はⅣ号戦車H型より2t重いだけであり、T-34/85では32.5tと、パンターより12tも軽く仕上がって居る。これはエンジンの重さだけではなく、設計のよし悪しにあると筆者は思っている。パンターは重戦車であり、中戦車がこれと対等に戦い得たのであるから、T-34/85こそ第二次大戦の最高傑作戦車であると言いたい。T-34/85は29,430両も作られ、戦後も共産圏に供与され、朝鮮戦争や中東戦争、ベトナム戦争に於いて、西側の戦車と戦車戦を演じることになる。

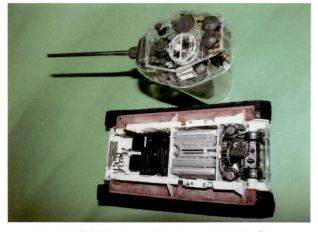

T-34/85後期型フルインテリアキット(AFVクラブ/inj)
　T-34/85の外形を透明プラスチック板で、インテリアを細部まで表現している優秀キット。各部の傾斜角も、さりながら、クリスティーサスペンションを支える垂直板があたかも二重装甲状となり防禦力の強さがうかがえる。さらに操縦席から容易に弾薬箱が内部に入り、床面に収納できるなど使い勝手の良さが分かる。以下にT-34の代表的(最新の)キットを紹介する。

T-34/76中戦車初期型(A型)(マケット/inj) 中央
T-34/76中戦車43年型(D型)(イタレリ/inj) 左側
OT-34/85火焔放射戦車(ドラゴン/inj) 右側

T-34/85後期型ベッドスプリングアーマー(ドラゴン/inj)
　ベルリン突入時の市街戦における独軍の近接ロケット兵器、パンツァーファウストよる被害を防ぐため、取り付けたのがベットスプリングであった。スプリングはEP部品を折り曲げて加工するキット。T-34は旧著で各型を記述しているので省略している。

T-34/76 42年型(C型)(タミヤ/inj)
T-34/85前期型(タミヤ/inj＋SC愈勝植氏作)

2. ソ連軍重戦車

　1939年のフィランド戦争に於いて、ソ連軍は多くの試作戦車の実戦テストをしている。多砲塔戦車の項で紹介したように、SMK、T-100、T-35等が使用されたが、そのひとつにKV(名称はクリメント・ヴォロシロフ国防相からとられた)重戦車がある。フィンランド戦でその実効性が証明されたKV重戦車は1940年には76.2mm砲装備のKV-1と歩兵支援用152mm砲装備のKV-2が量産され、ドイツとの緒戦に於いて、しばしばその進撃を食い止める役割を担った。KVは重量46t、車体正面装甲厚77mm、頑丈ではあったが最高速度35km/hと鈍重であった。さらに装甲強化のため砲塔と車体に25mmの追加装甲がなされ、ますます機動性を失ってしまった。そこで、T-34と同一行動をとれる重戦車の必要性から、軽量化して最高速度を5km/hほどアップしたKV-ISが作られたが小数が生産されたにとどまった。

　1943年1月レニングラード戦線ラドガ湖畔に於いて、ドイツ軍新型ティーガー重戦車の捕獲に成功したソ連軍はその性能にショックを受け、直ちに新型重戦車の開発に乗り出した。8月にはJS-1(JSはイオセフ・スターリンの略称)が完成したが、ドイツ軍も新型パンター戦車を続々と前線に送り込んできていたため、急遽その砲塔をKV-ISの車体に乗せたKV-85重戦車も製造された。独ソの兵器開発競争はますますエスカレートし、さらに攻撃力の増した122mm加農砲を搭載したJS-2重戦車が登場する。JS-2は重量44t、装甲厚は車体正面120mm、側面90mm、砲塔では160mm、側面90mmという重装甲ながら最高速度は37km/hと機動力も高かった。122mm砲の25gに及ぶ弾体は1,500mの距離からパンター戦車の正面装甲を打ち抜いた。しかしドイツ軍はさらに強力なティーガーⅡ型、ヤークトティーガー駆逐戦車を投入してJS-2に対抗することになる。JS-2は1944年春には砲塔を改良し、車体正面に傾斜角を付けた改良型JS-2mが作られたが、ティーガーⅡ型重戦車に対抗するためにさらに改良され、終戦直前にJS-3重戦車が完成した。この車高の低い、避弾径始の優れた車体と砲塔を持った新型重戦車はすでに冷戦が始まっていた1945年9月7日の戦勝パレードでそのベールを脱ぎ、西側諸国を恐怖に陥れた。

　KV-1～JS-2～JS-3へと進化し強力になっていくロシア重戦車の車体重量は、KV-1からJS-3までほぼ同じ重量(45t)であるのに比べて、ドイツのティーガーⅠ型は55t、ティーガーⅡ型では70tと重く、パンター戦車でも45tもある。この違いはエンジンの重さの相違なのか。独ソ重戦車の重量だけを考えてみてもソ連戦車の設計の良さには驚くばかりである。

KV重戦車
前述の様にKV重戦車の防禦性は十分であったが、主砲はT-34中戦車と同じ76.2mm砲であり、攻撃力とその最高速度は不十分であった。このためKVは改良を重ねられ以下に紹介するKV派生型が作られた。

KV-1極初期型(41'型)
　(トランペッター/inj) 左側
KV-1初期型(41'型)
　(イースタンエクスプレス/inj)

KV-II重自走砲
(トランペッター/inj) 後列
KV-85重戦車
(イースタンエクスプレス/inj)前列左側
KV-8重火焰放射戦車
(イースタンエクスプレス/inj)前列右側

KV-III試作超重戦車 (FSC 笹川作) 左側
KV-9 (榴弾砲型) (イースタンエクスプレス)
　両車とも試作重戦車である。107mm戦車砲を搭載したKV-III (obj.220ともいわれる)と122mm榴弾砲を搭載したKV-9を作り比較している。

KV-220試作超重戦車 (ブレイブモデル/RK)
　大型砲塔に85mm戦車 (一説には107mm) 砲を搭載、2両が完成し実戦に参加した。

KV-5試作超重戦車 (タコム/inj)
　107mm砲搭載の多砲搭戦車41年1両のみ完成したと言われるが定かではない。

136

JSスターリン重戦車

43年8月独軍重戦車に対抗して作られたJS重戦車も多くの派生型を生んでいる。
自走砲型は後の項で説明しているので、ここでは戦車型を紹介するにとどめている。

JS-IIスターリン重戦車 (ドラゴン/inj)
ロシア軍後期重戦車として活躍したJS-IIが期せずして二つのメーカーから同時に発売された。ドラゴンのキットはまあまあのキットである。(二車を比較している)

JS-IIm重戦車 (イタレリ/inj) 右側
JS-II後期型をモデルアート社「スターリン特集号」(H9.8月号)カラーページを参考にして三色迷彩塗装とした。キットは実に素晴らしいキット。

JS-IIスターリン重戦車44'ChKZ型 (タミヤ/inj)
2社のキットの後にリリースされたタミヤのJS-IImキット。作り易いイタレリと甲乙つけ難い。

JS-IIIスターリン重戦車(タミヤ/inj)
MAZ537タンクトランスポーター (トランペッター/inj) 上、右
戦後型の車両なのだが、スターリンの発展型を知るため、敢てここに紹介する。MAZトランスポーターは戦後開発され、かなり長期使われていた。

137

3. ソ連軍自走砲

　ドイツ軍のⅢ号突撃砲の成功を見たソ連軍も歩兵支援のために1942年末より軽突撃砲SU-76、中突撃砲SU-122、重突撃砲SU-152の三種類の突撃砲を開発した。SU-122はT-34車体を利用して122mm榴弾砲を搭載したソ連最初の突撃砲であったが、対戦車能力がなくSU-85、SU-100に代わられていく。重突撃砲としてはKV-2がフィンランド戦より使われていたが機動性が極端に悪く、1943年からKV車体に152mm加農砲を搭載したSU-152が作られた。SU-152の有効性は高く、KV-1の生産終了後はJS車体を利用したJSU-152重突撃砲が作られた。さらに貫徹力の強い122mm加農砲を搭載したJS-122駆逐戦車も作られることになる。これら突撃砲は約10,000両もが作られ、歩兵支援と対戦車戦闘に活躍したのである。

KV-2初期型(ドレッドノート)(タミヤ+モデルカステン・Con・土居雅博氏作ディオラマ)

KV-7試作自走砲
（トランペッターinj)
KVの武装強化案として、76.2mm砲×1、45mm砲×2という陳腐な自走砲が試作された。車両を作り上げた設計者はスターリンの逆鱗に触れ処刑されたという

SU-85M （イタレリ/inj) 右側
SU-100 （ドラゴン/inj)
　SU-100のキットはT-34/76(43')と車体は同一、SU-85MはT-34/85と車体は同じ、両方とも良いキットである。

138

JSU-122S（ドラゴン/inj）左側
SU-152（イースタンエクスプレス/inj）
ドラゴン社JSU自走砲は良い出来なばかりでなく、デカールが面白い。
イースタンエクスプレスのSU-152は小部品が不足している余り良くないキット。

SU-122i（ドラゴンⅢ突+MR/RK+Mtl・Con）
捕獲した独軍Ⅲ突に7.62cmロシアンパックを搭載したSU-76iはよく知られているが、こちらは122mm榴弾砲を積んだ自走砲で8両のみ試作されロシアではSG-122(A)と呼ばれた。キットの122mmM-38榴弾砲(Mtl)は非常に良いパーツで内部に入ると見えなくなってしまうのがおしい。

SU-76i（タミヤⅢ号L型＋SC笹川作）
実車同様独軍より捕獲したⅢ号戦車に7.62cm砲を搭載した突撃砲。122iと異なりかなりの数が作られている。戦闘室は後のSU-76と同じく狭い。

JSU-152（タミヤ/inj）　右側
JSU-122（ドラゴン/inj）　左側
両社の競作に近い。
JSU-152とJSU-122の車体は同じであるので、タミヤもJSU122をリリースすると興味深いのだが。

139

ZSU-37AA(FSC笹川作)
37mm対空砲をSU-76mに搭載した対空自走砲

SU-76M(アラン/inj)
左記2車の基本となったのがこのキットである。キットはかなり旧式のぶ厚い板で出来ている。ミニアート社とタミヤ社からも後にリリースされた。SU-76戦闘室は狭かったのであろう。オープントップになっている。

SU-76(FSC笹川作)
右上のアラン社SU-76M車体を利用し、最初の軽対戦車自走砲及び対空戦車をFSC。図面、資料は「タンクパワーVol.260 SU-76」A.Czubazin著ミリタリア社刊を参考とした。

SU-152(イースタンエクスプレス/inj土居雅博氏作SC)
SU-152がトランペッターからリリースされる以前に発売されたイースタンエクスプレスのキットを使用した土居氏作のヴィネット

4. ソ連軍軽戦車

　道路網が整備されていないロシアでの偵察任務には装輪式装甲車ではその能力に限界があった。そこでソ連軍では、以下の軽戦車を大量に作っている。まず、T-40はT-35、T-37水陸両用車の流れを引く機銃のみを持つタンケッテである。T-50は高性能、高機能であったが重戦車KV-1と同じくらい生産に時間がかかってしまい、わずか63両で生産中止している。(フィランド軍の項でT-50を紹介している。)T-60軽戦車は重量わずか6t、装甲厚25～7mm、武装は航空機用20mm機関砲のみであったが43km/hの高速で偵察には打ってつけで、6,292両も作られた。T-70軽戦車はT-60の改良型。車体前面装甲を60mm、武装も45mm砲を搭載したため重量が9tと増加したが、エンジンを2基搭載して最高速度は51km/hと速くなっている。T-70は大戦後半の偵察部隊の主力戦車となり、8,226両も作られている。

ソ連軍軽戦車の流れ　　　右より
T-40(40'年型)(スタッド/inj)**T-30(41'年型)**(スタッド/inj)**T-60前期型**(アエロ/inj)**T-70M**(テクモッド/inj)**T-80**(ミニアート/inj)

T-60前期型　(アエロ/inj)&**T-70**(ドガ/inj　左側
　T-60とT-70はロシア軽戦車中最大数作られ、弱武装ながら、偵察に活躍した。キットは簡単に仕上がる。

T-80軽戦車　(ミニアート/inj)
　T-70の車体を強化し砲塔を新型に替えたのがT-80であるが、レンドリース法で英米軽戦車とハーフトラックが大量に手に入ったので120両のみの生産しかされなかった。残りの車体はSU-76に利用された。

5.ソ連軍輸送車両とその他の車両

ZiS-30 57mm対戦車自走砲 (マケット/inj)
　コムソモレーツ軽トラクターに57mm対戦車砲を搭載し、101両が急造された。キットはアエル社 (旧トム)キット車体に76mm対戦車砲(I社)改造砲を使用する。車体が作りにくい上、足廻りが古すぎてボロボロの最低キット。

T-26C型FLAMM(OT-134) (ミラージュ/inj)
　7TP軽戦車(ポーランド)キット車体をそのままに、砲塔他小部品を追加して作られたキット。丸みを帯びた砲塔形状は良い形をしている。

BM-13カチューシャ・ロケット砲車 (アラン/inj)
　イタレリ社のカチューシャは戦後の形式であり、戦中型は初めてのキット。ロケット砲架は良く出来ている。

GAZ67乗用車 (アエル/inj)
　T社同車種キットと比較すると、車体はT社、パネルなど車内はアエル社というところか。

ZiS-5B給油車 (フォルト/inj)
キットに付いている給油ホースがコイルスプリング入りガーゼホースという面白い素材で出来たキット。

ZiS-42ハーフ・トラック (フォルト/inj)+**ロシア4.5cm対戦車砲** (RPM/inj)
　ZiS-42牽引車を雪上仕様とし、RPM社T-60(r)牽引車に付いていた4.5cmPAK(r)を引かせてみた。

S-2(スターリン)牽引車 (ベスペ/RK+Mtl)
　キャタピラを除けば、部品数36点の簡単キットだが、砲を牽引しないと物寂しい気がする。他のロシア軍MT&トラクターについては旧著ですべて紹介している。

IT-28架橋戦車 (ICM/inj)
T-28中戦車車台に戦車橋を搭載した架橋戦車。橋を作るのが少々大変だったが、作り上げて独軍Ⅳ号架橋戦車と比べてみると、ずっと長い橋を持っていることが分る。

軽装甲車BA64(アエル/inj)**&BA64B**(ビジョン/inj)
BA64Bのキットは旧著ではVfキットを紹介したが、DES/RKからのキットもあり、アエル社キットはBA64初期型(A型ともいわれる)を作ってみた。

VT-34 戦車回収車（FSC　匿名にて JAMES に寄贈）
細部までこだわり作られた逸品。塗装は私が行った。本当は本人に塗って欲しかった。

3.旧式戦車を利用した自走砲

ソ連軍も、独軍同様、旧式化した戦車の砲塔を外して大口径砲を搭載した自走砲を作っている。以下にそのような車両を紹介する。

SU-14i超重自走砲(フェアリーT-100＋SC笹川作)
T-100重戦車車台に14cm海軍砲を搭載した自走砲。クビンカT/M(ロ)に現存し、取材の上作り上げている。

S-51試作自走砲 イースタンエクスプレスKV-IS/inj＋B4 M193/203mm榴弾砲(ピットロード/inj)＋SC笹川作
運転席上に砲を搭載した自走砲。203mm砲の発射時の後退が大きく、1発毎に照準を修正せねばならず、量産されなかった。

AT-1自走砲(ホビーボス/inj)
T-26戦車車台に、76mm砲を搭載した自走砲。よくこんなマイナーな自走砲までキット化したものである。

軽トラクターT-74車台の軽装甲車"NAISUG"＆軽対戦車自走砲"KhTZ-16"(KATANA/RK)

【表-2】ロシア戦車生産数

車種		1940	1941	1942	1943	1944	1945	合計
軽戦車	T-40			41	181			222
	T-50		48	15				63
	T-60		1,818	4,474	3,343			6,292
	T-70			4,883				8,226
	T-80				120			120
								(14,923)
中戦車	T-34/76	117	3,014	12,553	15,712	3,723		35,119
	T-34/85				100	11,000	18,330	29,430
	T-44						200	200
								(64,749)
重戦車	KV-1	141	1,212	1,753				3,015
	KV-2	102	232					334
	KV-1S			780	452			1,232
	KV-85				130			130
	JS-1/2				102(含JS-1)	2,252	1,500(含JS-3)	3,854
								(8,565)
自走砲	SU-76			26	1,928	7,155	3,562	12,671
	SU-122			25	630	493		1,148
駆逐戦車	SU-85				750	1,300		2,050
	SU-100					500	1,175	1,675
	SU-152				704			704
	JSU-122/152				35	2,510	1,530	4,075
								(22,323)
各型合計		360	6,274	24,690	24,006	28,933	26,297	110,560

注1. 合計には40年に製造したKV-1、T-34も含む。
注2. SU-76 45年分にはZSU-37(対空自走砲)を含む。
注3. レンド・リースにより英、米から供与されたAFVは下記の通り
　(英)バレンタイン・3,752、マチルダⅡ・1,084、チャーチル・301、ユニバーサルキャリア・1,178、その他・51
　(米)M3スチュアート・3,062、M4A2シャーマン・4,102、M3ハーフトラック・1,178、M3A1スカウトカー・3,340、M10・52、M15・17、
　　MGMC・1,100、T-48・650、その他・106/合計 19,956
注4. 1931年〜40年までに製造したBT、T26、T28、T35など他の旧式戦車(15,000)は入っていない。

ソ連軍の勝利は上記の様に、米国からのレンドリースによる大量のAFV&MVの供与であったことは言うまでもない。ロシアの勝利を祝う兵士達という設定で撮影してみた。右側より**SU-57対戦車自走砲**(タミヤM3ハーフトラック+Vf,con)中央は**フォードGPA水陸両用ジープ**(タミヤ/inj)フィギュアは土居氏作、両車はタミヤ再版を利用している。

第6章 連合軍の反攻

1944年6月6日早朝、17万6千名の兵員と戦闘車両多数からなる連合軍が北フランス、ノルマンディー海岸に殺到した。上陸作戦に先がけて5,000機以上の空爆でドイツ軍の拠点、交通網は徹底的に破壊され、主要道路や橋の確保のためにグライダーを伴った1,250機の輸送機に搭乗した3個空挺師団、2万3千名の降下部隊が降下拠点を確保した。艦砲射撃の援護の元に、多数の上陸用舟挺から兵員、物資、器材の揚陸が行われた。作戦開始から1ヶ月以内にノルマンディーに輸送された兵力は約93万名、車両18万両、補給物資58万tという、まさに史上最大の作戦であった。

ルントシュテット元帥やロンメル元帥を始めとするドイツ軍も連合軍の上陸作戦を予想して「大西洋の壁」と呼ばれる防塞を作り、反撃の準備をしていた。ロンメル元帥は北アフリカでの苦しい経験から物量、特に航空兵力の優秀な連合軍に勝つためには、水際での撃滅以外にないと考え、沿岸の防備を固めていた。しかし、ルントシュテットを始めとするドイツ機甲部隊の指揮官たちは、上陸軍を内陸に引き入れてから機甲部隊で包囲残滅するべく歴戦の戦車師団を内陸部に控えさせていた。上陸地点もイギリスに近いカレー付近と予想し、戦艦から外した砲を備えた強力な砲台はカレーから北部にかけて500ヶ所近くあったが、ノルマンディー海岸には47ヶ所しかなかったのである。連合軍はうまくドイツ軍の虚をついたのであった。

上陸軍は最右翼のアメリカ第4師団の一部がオマハ・ビーチで苦戦をしたが、ドイツ軍首脳部のノルマンディー上陸は偽装で主力はカレーに来るという思いこみから反撃が遅れ、上陸作戦は成功した。連合軍はアメリカ第7軍団4個師団と第5軍団3個師団、イギリス第30軍団2個機甲師団と2個歩兵師団、第1軍団の3個機甲師団と歩兵4個師団という兵力を持って、ノルマンディー地方を征圧せんとしていた。上陸3日目に至ってSS第12、第21、教導の3個戦車師団を主力としてドイツ軍の猛反撃が始まった。これらの師団にはIV号戦車、パンター、ティーガー重戦車も配属されていた。ノルマンディー地方の要衝カーンを北方から攻撃したイギリス第3師団とカナダ第3師団のM4やクロムウェル戦車はティーガーやパンターに撃破され、3日間で3割の戦車を失って進撃はストップしてしまった。やや遅れて上陸し救援に駆けつけたイギリス第7機師団は大きく迂回してヴィレル・ボカージュという小さな町からカーンの背後に出ようとした。ここでティーガー重戦車の伝説が生まれることになる。6月13日、SS第101重戦車大隊のミヒャエル・ヴィットマン中尉が指揮するティーガーが単独でこの先遣部隊に襲いかかり、25両のクロムウェル、シャーマン・ファイアフライを撃破し、イギリス第7機甲師団の意図をくじいてしまったのである。

ドイツ軍はカーンに西部戦線の6割にあたる5個戦車師団(第1、2、9及びSS第2、SS第10)を集中した。艦砲射撃と重爆撃機による絨毯爆撃に支援されたイギリス・カナダ軍の数次に渡る総攻撃もかかわらずドイツ軍はカーンを保持していたが、ドイツ軍の主力がカーンに釘付けになっている間にアメリカ軍が戦線を突破、ドイツ軍を包囲してしまった。反撃しようにももはやドイツ軍には空軍の支援もなく連合軍空軍の地上攻撃によって戦力を消耗してしまった。ドイツはノルマンディーの戦いで約20万名の死傷者、戦車1,000両近くを失い、連合軍の圧倒的な物量の前に敗れ去ったのである。8月29日、連合軍はパリに到達、4年にわたったナチスの占領からフランスを解放したのである。

この章では、ノルマンディー上陸時から終戦までの約1年間に使用された連合軍のAFVと軍用車両の模型を見てみよう。

ノルマンディー上陸作戦のディオラマ
(仲田裕之氏他合作)
M4シャーマンクラブ地雷処理車(レジキャスト/Rk)、**ダイムラースカウトカー**(タミヤ+Sc)、**キューベルワーゲン**(タミヤ/inj)、**ゴリアテ**(エッシー/inj)

1. 大戦後期のイギリス軍車両
(1)チャーチル歩兵戦車

　前述したようにイギリス戦車は歩兵戦車と巡航戦車に分かれていた。開戦時から使われたマチルダⅡ戦車(約3,000両作られた)、北アフリカ戦線から登場したバレンタイン戦車(約1万両近く作られた)がイギリス歩兵戦車の主力であった。両戦車ともその登場時には重装甲であったが、ドイツ軍戦車の火力が増加されると防禦力が不足となってきた。主砲は榴弾の撃てない2ポンド砲(40mm)であり、また二人しか入れない小型砲塔で車長は砲手も兼ねねばならず、操作は不便なものであった。

　ダンケルクの撤退によって大量の戦車を失ったイギリス軍戦車隊はとりあえず手持ちの戦車を使用しながら、さらに強力な戦車の開発を願望した。1940年末には早くもチャーチル首相の執念的後押しで試作車が完成し、歩兵戦車チャーチルとして1941年6月から量産が始められた。チャーチル重戦車は重量40t、歩兵戦車なので最高速度は25km/hと低いが、装甲厚は戦闘室前面と砲塔前面は101mm、車体前面と砲塔側面は89mmと強力な防禦力を持っていた。チャーチル戦車はその3人用の大型砲塔で砲の大口径化が可能であり、武装は初期型(Mk.I)は2ポンド砲と3インチ(76.2mm)榴弾砲であったが、前期型(Mk.III)から6ポンド砲(57mm)に替えられている。さらに、中期型(Mk.IV)の一部にはシャーマンの主砲(75mm)を防盾ごと載せたタイプ(NA)も使われた。後期(Mk.VII)には主砲を75mmに替え砲塔の装甲も強化された。チャーチル戦車には火焔放射戦車(クロコダイル)、95mm榴弾砲を積んだCS型(Close Support、近接支援)、290mm迫撃砲を装備したAVRE(工兵戦闘車)型等の多くのバリエーションがある。これらのバリエーションは全て歩兵支援のためであり、イギリス最後の歩兵戦車として終戦まで作られ、重宝がられた戦車であった。

チャーチルMKⅦ(タミヤ/inj)　ディオラマ笹川作
　同型を改造した火焔放射戦車も同時に発売されたが、旧著で全型式を掲載したので省略。休憩中ワインを飲んでくつろぐ搭乗員を描いてみた。

147

チャーチルAVRE(AFVクラブ/inj)
ペタード290mm迫撃砲を搭載した工兵用戦車。装填は写真の様に機銃手席のハッチから行なう。フェンダー上は迫撃砲弾。

チャーチル3インチガンキャリアー(FSC笹川作)
　重対戦車自走砲として42年11月に50両が完成。3.7インチ砲(90mm)を搭載、前面89mm、側面76mmの重装甲であった。ガンキャリアーはほとんどカナダ軍に供与された。図面は「WWII AFV Plans BritishAFV」G.Bradford著(Stackpole Books刊)を参考とした。

スーパーチャーチル
"ブラック・プリンス" (FSC 笹川作)
　17Pd対戦車を搭載せねば独軍重戦車には勝てないとは言え、英軍の失敗作が続々と登場する。随分多くの試作戦車を作ったものであり、興味深い車両も多い。これもその一つで、実車はボービントンT/M（英）に1両のみ残存する取材の上チャーチル2台分より作り上げている。

(2)ドイツ軍戦車に勝利する戦車を!(巡航戦車)

　最後の歩兵戦車チャーチル重戦車は、防禦力は高かったが攻撃力は低く、機動力に欠ける戦車であった。イギリスでは元来対戦車戦闘は巡航戦車が行なうことになっていたが筆者はこの点に疑問を感じて居る。フラーの理論を尊重したためであろうが、戦いは常に流動的で、教科書通りの攻防が行なわれるはずはないと思うからである。イギリス軍は保守的過ぎたのである。

　初期の巡航戦車については、第3章「砂漠のイギリス軍」の項で写真紹介をしている。ヴィッカースタイプのサスペンションを持った旧式のMk.I(A9)から始まり、クリスティーサスペンションを備えたMk.III、さらに砲塔にスペースドアーマーを採用したMk.IVは北アフリカ戦線初期に活躍したものの機械的信頼性に乏しく、攻撃力、防禦力の不足はドイツ軍戦車相手では致命的であった。そこでカビナンター試作戦車を経てMk.IVクルセイダーが砂漠戦に登場する。クルセイダーは重量20t、装甲厚は車体前面27mm、砲塔前面39mm、最高速度43km/h、最終型のMk.IIIでやっと6ポンド(57mm)砲を装備した。これではドイツ軍のIII号戦車にかろうじて対抗できる程度で、長砲身75mm砲を備えたIV号戦車の敵ではなかった。北アフリカ戦線でイギリス軍が勝利を収めたのは大量にアメリカから供与されたM3グラント、M4シャーマン戦車のおかげであった。

　北アフリカでの戦いは、イギリス軍の戦車設計に多くの教訓を与えた。まずは攻撃力の不足である。2ポンド砲で撃破できるドイツ軍戦車など軽戦車か装甲車の類で、しかも榴弾が用意されていなかったのでドイツ軍対戦車砲の餌食となるだけであった。6ポンド砲を搭載してやっと対等になったが、巡航戦車はおしなべて防禦力が低かった。これらの欠点を改善すべく巡航戦車Mk.VIIキャバリエ、Mk.VIIIセントーが試作されたが失敗。1943年1月よりやっとMk.VIII(A27)クロムウェルが完成。クロムウェルは重量28t、車体、砲塔前面装甲76mm、主砲には徹甲弾も榴弾も撃てるアメリカ製75mm砲(シャーマンと同じ)を装備していた。当時の中戦車では最高の速度(62km/h)を出し、IV号戦車と対等に渡り合える戦車であった。しかしながらクロムウェルが部隊配備されたときに相手にしなければならなかったのはパンター、ティーガーというドイツの誇る新鋭重戦車であった。これに対抗できるイギリス戦車はM4シャーマンに17ポンド砲(76.2mm砲)を搭載したシャーマン・ファイアフライだけであった。クロムウェルをベースに17ポンド砲を積んだチャレンジャーが試作されたが失敗作で、1944年9月になってやっとドイツ軍重戦車と戦える巡航戦車コメットが完成した。コメットは重量36t、車体と砲塔前面装甲101mm、武装は77mm砲(短17ポンド砲)を装備、最高速度47km/h。部隊配備は1945年に入ってからで、定数が揃う頃にはもうドイツ軍戦車隊は壊滅状態でティーガー、パンターと対決することもなかった。戦後、コメットは20ポンド砲(83mm砲)を持つセンチュリオン戦車に主力戦車の座をゆずったので900両しか生産されなかった。

　結局、イギリス軍は最後までドイツ軍戦車を凌駕した戦車を持つことはできず、ヨーロッパ反攻時の機甲師団の装備した戦車の8割近くはM4シャーマン中戦車とM3スチュアート軽戦車であった。

スキャメル戦車運搬車(アキュレット/RK＋Mtl)
セントーCS巡航戦車(タミヤ/inj)
ダイヤモンドT869レッカー車(CMS/RK)
スキャメル・パイオニアは高価な割にはどうしようもなく作りにくい駄目キット。有馬達彦氏から寄贈されなければ作らなかったのだが、とにかく苦労し1ヶ月以上製作に要した。セントーは緑色でない分、見栄すると思い載せてみた。ダイヤモンド・レッカーはレジンキットとしては実に合いが良く、作り易いキットである。両車とも良いデカール付きであった。

アキレス後期型(アカデミー/inj) 前列右側
米国製M10駆逐戦車に17ポンド対戦車砲を積んだ対戦車自走砲。今迄にキット化したのはアキュレットのみであったが、比較するとコピーではなく別の新キットである。
ワスプMk.II(T社ブレン+レジキャスト/RK con)
ブレンガンキャリアを火焔放射タイプにしたこの車両のパーフェクトな車体はオランダ陸軍博物館(レーガー・ミュージアム)にしか残存せず、レジキャスト社のリサーチによりキット化されただけあってインテリアが良い。
クロムウエルMk.IV巡航戦車(タミヤ/inj)
ヘッジローを付けたノルマンディ・タイプを選択したが、勿論そのまま組み立てて良いキット。
バレンタインMk.XI歩兵戦車(マケット/inj)
バレンタイン戦車に6ポンド対戦車車砲を搭載した最終型。キットはトム社バレンタインMk.III/IV車体を利用、砲塔のみ追加改造している。

チャレンジャー17Pd対戦車自走砲(SKP/inj)
アキュレットアーマー社から出ていたキットよりはずっと良いチャレンジャー後期型(増加装甲タイプ)である。

アベンジャー17Pd対戦車自走砲(IMA/RK)
オープントップの自走砲であるが、砲尾しか入っていないので、内部を見せないようにハッチを閉じている。高価な割にはそれほどでない駄キット。

150

コメット巡航戦車(ブロンコ/inj)
　ブロンコ社のある香港には、英駐留軍が所有していたコメットが海防軍事博物館に展示されている。塗装はこの博物館と同じ色調としている。キットはアキュリットが省略した防盾部分も再現され気持ち良い。コメットは17Pd砲を装備した初の量産戦車であった。

クルセーダーMk.II AA II (イタレリ/inj)
　生産したものの失敗作に終わったセントーやクルセーダーは対空用として生まれ変わった。車体前部のアンテナの位置が興味深い。

M4A4シャーマンファイアフライ(タスカ/inj)
　タスカのキットはこれぞファイアフライの決定版といえるおすすめのキットである。

M4A4シャーマンファイアフライ・ロケット砲付き (ドラゴン/inj)
　17Pd砲装備のファイアフライはかなり強力であったが、さらに60ポンドロケット砲を装備し火力増加をはかっている。ドラゴンのシャーマンシリーズは少々組立てにくい。

センチュリオンMk.I重戦車(アキュリットアーマー/RK+Mtl+Ep)

　重量49t、装甲厚159mm、武装は17ポンド砲と20mm砲を持つ重戦車であった。とうとう独軍戦車との対決には間にあわなかったが、戦後は20ポンド砲(83mm砲)を搭載、長らくイギリス連邦軍で使われた秀作戦車。キットを見てもずいぶんと大きいのが分かる。20mm副砲は自作した。

**セントー AA Mk.II (アキュレット /inj) &
クルセーダーIII AA MK III (イタレリ /inj)**

対空戦車としては Mk.III までしか作られていない。制空権を連合軍が得て、必要がなくなってきたからであった。

トータス重駆逐戦車(アキュリットアーマー/RK+Mtl+Ep)

　トータスは装甲厚230mm、武装は32ポンド(94mm)砲と機銃3挺、最高速度19km/h、重量79tの重駆逐戦車であった。トータス戦車は名前(亀)の通り鈍速、重過ぎて輸送も不可能で試作だけに終った。横幅がやけに広いこの車両のキットはレジン製で、作り甲斐があった。足周りはほとんどメタル製なので重く、塗装はとんでもなく疲れた。MENG社からもでているが、重量感が違う。

(2) その他のイギリス軍AFV

　大戦中にイギリスが開発した軽戦車はテトラーチ空挺戦車のみで、戦車部隊ではアメリカから供与されたM3軽戦車を使用、一般の偵察、連絡には装甲車が使われた。第3章「砂漠のイギリス軍」の項に紹介したハンバー、ダイムラー、AEC装甲車などがイギリスの代表的装甲車である。ヨーロッパ進攻後はアメリカからM6装甲車2,844両の供与を受け"スタグハウンド"と名づけ使用している。

テトラーチ空挺戦車(アキュレットアーマー/RK)
　ダイムラー装甲車の砲塔を載せた軽戦車。キットはインテリアと、その独特な走行装置を良く再現している。

M6"スタグハウンド"&ハンバーMk.Iスカウトカー
(ブロンコ/inj)
　ブロンコ社の両キットは非常に良く出来たキットで、タミヤ社と比べて遜色ない。

M6"スタグハウンド"Mk.I(タミヤ/イタレリ/inj)
同Mk.II(CS)(タミヤ/イタレリM6＋M8＋笹川作)
　タミヤ/イタレリ社のMKIはそのまま組み立て、MKII(CS)は実車同様M8 7.5cm自走砲の砲塔を載せ砲基部を細工しただけのお手軽改造。

M6"スタグハウンド"Mk.III対戦車型(アキュレットアーマー/RK)
　M6に6Pd(クルセーダー)砲塔を載せた自走砲、この後イタレリ社よりリリースされている。

AEC Mk.Ⅱ/Ⅲ対戦車重装甲車(アキュレットアーマー/RK)6Pd対戦車砲搭載の重装甲車。クロムウエル戦車砲塔の軽量化型を載せている。

ハンバーMk.Ⅳ軽装後者(オードナンスモデル/RK)
事実上大戦中最後の英装甲車。Mk.Ⅳキットは大変よく出来ている。

ベッドフォード対戦車トラック(OAX/RK)&トライアンフ3HWオートバイ憲兵(ブロンコ/inj)

高栄　正樹氏作

飛行場防衛用としてアルマジロ箱を積んだ装甲トラック。キットには対戦車銃が入っていず不親切。高栄氏の英軍憲兵フィギュアは素晴らしい作品

(3)イギリス連邦カナダ軍の車両

左から:**ラム中戦車Mk.I**(kitz Co./RK)、**ユニバーサルキャリア迫撃砲車カナダ軍仕様**(レジキャスト＋タミヤ・Con)、**オッターMk.I軽装甲車**(コマンダーズ/RK)、**ラム中戦車Mk.II**(kitzCo./RK)右後方
　カナダが独自に開発したラム中戦車。Mk.Iはバレンタイン砲塔を搭載、50両作られた試作型。Mk.IIは6ポンド砲を搭載した。出現時(1942年1月)は米英の戦車をリードしていたが、ノルマンディー戦ではM4に取って代わられた。Mk.IIの生産量は1,899両であった。Kitz.Co.もコマンダーズ(オッターMk.I)もお世辞にもあまりよい出来のキットとは言えない。特にコマンダーズのキットには常に苦労がつきまとうが、このキットも砲塔にかなりのひび割れ状態があり、結局フェンダーと砲塔は銅板で自作した。

23カナダ軍の自走砲
"ビショップ"25Pd自走砲　(VM/inj) 左側
"アーチャー"17Pd対戦車自走砲 (マケット/inj)
　アーチャーはこれが車体前部、砲は後方固定式自走砲である。両車共にイギリスからの下げ渡し品、大戦前期のカナダ軍は英国製で装備していた。両キットは作り易く、アキュレットよりずっと良い。

M4対空戦車 クアッド (イタレリM4＋コマンダーズ・Con)
　20mm4連装対空機銃を搭載した砲塔を持つ対空戦車。簡単なコンバージョンキットであるが完成すると仲々格好良い。

155

セクストン25Pd自走砲(レジキャスト/Rk)　上、右
M7の英連邦版がセクストンであり、105mm砲でなく25Pd砲を搭載する。キットのインテリアは素晴らしいが、砲はタミヤ25Pd砲を使用。

ワスプMk.I(タミヤ+レジキャストRk・COM)　左下
ブレンガキャリアー改造カナダ版火焔放射戦車。キットとしては存分前にMk.IIが先にリリースされ、欠点を改良してMk.Iが発表された。
M6対戦車ロケット搭載車(ブロンコ/inj)後列

アーチャーMk.II(ブロンコ/inj)MKIIはカナダ軍仕様であり、前方機銃、迫撃砲を装備している。キットもアーチャーの決定版

2. アメリカ軍の参戦

　日本軍の真珠湾攻撃により第二次大戦に参戦したアメリカは、開戦11ヶ月目にしてヨーロッパ戦線への介入を決意する。アメリカ陸軍の初めての戦闘はチュニジア戦線で迎えることとなる。1942年11月8日、連合軍は北アフリカのモロッコ、カサブランカとアルジェリアのオランとアルジェへ3ヶ所同時の上陸作戦「松明(トーチ)作戦」を敢行した。上陸したアメリカ軍は沿岸に沿って東進、東方のイギリス軍と呼応してドイツ軍を挟み撃ちにする作戦である。エル・アラメインで敗れ西へ退いたとはいえ、ロンメル率いるDAK(ドイツ・アフリカ軍団)は末だ侮り難いものがあった。2月、最後の反撃を試みるドイツ軍は第10、第21戦車師団をもってアメリカ第2機甲軍団を包囲、戦車戦が行なわれた。第10戦車師団は40両のIV号戦車とマーダーIII自走砲、さらに第501重戦車大隊のティーガーI型重戦車が加わっていた。対するアメリカ第1機甲師団はM4A1シャーマン169両、M7プリースト自走砲、M3ハーフトラック160両以上を持っていた。2月14〜15日のファイド峠の戦車戦では、わずか3両のティーガーによってアメリカ軍戦車は次々と撃破され、戦車165両、装甲車95両、自走砲36両を損失．第1機甲師団の行動可能なM4は4両のみしか残らなかった。敗北の報告を受けたルーズベルト大統領は「我々のボーイ達は戦争ができるのか」と、名言を吐いている。ドイツ軍の損失はIV号戦車13両と88mm砲8門のみ。DAK最後の大勝利であった。

　北アフリカ戦ではアメリカ軍も多くの教訓を得た。その後のヨーロッパ戦線でアメリカ戦車部隊は強力なドイツ軍重戦車と正面きって討ち合う愚を避け、多数で側面と背後へ廻り込んだり(もっともこの方法で成功する確率は低かったが)、地上攻撃機に頼るという作戦に切り替えている。さらにティーガーに優る重戦車の開発を急いだ。イギリス軍のセンチュリオンと並ぶその答えが、M26重戦車であった。両車はティーガーと砲火を交えることはなかったが、朝鮮戦争では共にT-34/85を相手に共産軍からの防波堤の役割を担っている。

(1) ノルマンディ上陸作戦

　アメリカ軍は1942年の参戦時には、上陸用の船艇、車両を満足に装備していなかった。しかし、太平洋方面での日本軍との戦いおよびシシリー島、イタリア本土そしてフランスと続く上陸作戦には水陸両用車両が絶対に必要であった。ここではノルマンディー上陸作戦に投入された水陸両用車両を示している。ニックネームは全て水の中で生活している動物の名前が付けられ、軍用車両に似合わず可愛らしい。水陸両用車(アムトラック)は元来は湿地帯の救難用車両であったが、1941年6月よりLVT(LandingVehicieTrack)として上陸作戦に活躍する。最も完成されたLVTのLVT4は8,348両が作られ、太平洋、ヨーロッパ戦線両方で兵員輸送と貨物輸送に使用されている。さらに武装タイプLVT(A)も1,860両が作られ上陸作戦を支援したのであった。

ダック水陸両用トラック (イタレリ/inj)　前方右側
　キットは機銃も幌も無く物足りないので、米軍弾薬木箱とタミヤ7.5cm短榴弾砲(Mtl)を載せてみた。ホワイトメタル砲シリーズはこの第2作目で終了してしまったのは残念。

LVT-4バファロー&LVT-4(A)アムタンク (クロムウエル/RK)　後列左側と中央
　現在ではイタレリ社からさらに良いキットが発売されている。バファローには、リメイクされたT社ウィリス・ジープを積んでいる。

M4A3シャーマン・マリーン (タミヤ+イタレリ/inj)　前列左側
　T社足廻りとデカール、I社車体上部と砲塔を合体させて、良い所のみ採って作り上げた。

LVT4(A)(イタレリ/inj)LVT決定版として7.5cm砲塔搭載型がリリースされた。　後列右側

M29ヴィーゼル(かわうそ)(モノグラム/inj&ADV/Rk)
　M29ヴィーゼルの比較、右がモノグラム製(1/35)である。前部フロートを付け、スクリューをおろした水上走行状態。これがモノグラムの最後のAFVキットになってしまった。左はADVのレジンキット。陸上走行状態である。ウィンドウシールを立てているが、これらの細部部品はエッチングパーツでとてもよく再現されている。

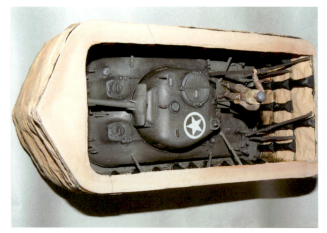
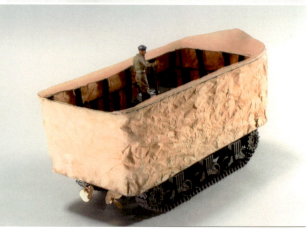

米軍DDシャーマン戦車(故 十川 俊一郎 氏作　ニットーM4+SC)
　東京AFVの会会誌「Kampf in action」02'28号に亡き戦友十川氏がDD詳細を発表し、AFVコンテストに合わせてスクラッチされた作品。車体上に乗っている戦車兵のレバーがスイッチになっており、防水スクリーン(和紙で作られている)と後部スクリューにより水上走行可能である、十川氏に「風呂で遊んで下さい」と言われたが、とてももったいなくて試せずにいる。思えば二人で開催し続けた東京AFVコンテストがなつかしい。

(2) M4シャーマン中戦車

　ドイツ軍が戦車部隊の威力でヨーロッパ諸国をほとんど制圧して勢力を拡大していた頃、アメリカ軍は旧式なM2A1中戦車しか持っていなかった。1942年6月、北アフリカで苦戦中のイギリス軍のため急遽この車体を用いてM3中戦車が設計された。M2戦車の砲塔に大口径砲を搭載するのは無理で、車体右側に限定旋回の75mm砲を搭載した。M3は重量28t、装甲厚51mm、武装は75mm/28.5口径榴弾砲に37mm対戦車砲、機銃4挺(車体銃2)、最高速度39km/hであった。

　M3は1941年4月1942年12月までに6,258両作られ、イギリスには2,653両供与され、北アフリカでは砲塔が改修されてグラント戦車としてドイツ軍相手に活躍した。ソ連にも1,386両が供与されている。太平洋方面では、オーストラリア軍にかなりの数が供与されて、日本軍と戦っている。M3中戦車は限定した射角しかない突撃砲同様の戦車ではあったが、全周旋回砲塔を持つ新型戦車が登場するまでの応急処置としてはその任をよく果たした。砲塔に75mm砲を搭載した待望の新型戦車M4シャーマンは、1942年2月から月産1,200両以上の驚異的ペースで生産され、単一車種としては最高の49.234両も作られた。(表-3)145頁に示したようにイギリスへ約17,200両。ソ連へ約4,100両も供与され、連合軍の勝利の原動力となった。重量30t、最大装甲厚50.8mm、武装は初期は75mm/37.5口径砲であったが、後に76mm/52口径砲に強化、最高速度40.5km/h、機動力は優れていたが、性能的にはⅣ号戦車とほぼ同列の平凡な戦車である。しかしM4にはアメリカ自動車生産業のノウハウを随所に活かした操縦しやすく、整備が楽で故障しないという大きな利点があった。さらに短期間でこれだけの数を揃えられたのは、資源の豊富さと、世界最高水準の品質管理が各企業にすでに浸透し、どの自動車会社に発注しても同じ物ができるというアメリカの工業力の高さがものをいった。当時のドイツ、イギリス、ソ連の戦車は、数は揃えても故障が多く、稼働率は常に6割前後であった。さらに自動車の大量生産のノウハウを持つアメリカの自動車工業界は機械による自動溶接技術を持っていた。溶接作業が戦車を作る上で一番時間がかかる部分で、これを自動的にコンベア・ベルト上で済ます技術があったからこそ月産1,200両以上の戦車を作れたのである。

　M4にはもうひとつ長所があった。当時は砲も機銃も停止射撃が常で、戦場では小隊毎に交互に射撃と前進を繰り返す方法が取られていた。しかしM4には砲安定装置(ガン・スタビライザー)が取付けられ、走行中の射撃が可能であった。安定装置の有効性は大きく、M4はドイツ軍戦車より速く第一撃を送り込むための照準をつける時間的余裕が持てたのである。M4は量産のために航空機用星形エンジンを積んでいるので背が高く、装甲も比較的薄く防禦力はドイツ戦車より劣っている。しかし頑丈で実用的な戦車であることは間違いなく、パットン将軍は「世界一優秀な戦車である」と絶賛している。

　ここでは、M4の代表的型式を示したが、他にも多くのバージョンが存在する。

M2中戦車(タミヤM3＋Sc笹川作)
　足廻りはタミヤ製M3リーの部品をそのまま使用し、そのほかは全て自作した。37mm砲はM3スチュアートから流用、7挺の機銃はスチュアートに入っている全ての機銃パーツを利用した。実車はM2からM3リーに、筆者の模型はM3からM2へと逆に作るのであるから、こんなに愉快なことはない。

M4極初期型"ミカエル"（ドラゴン+M3リー+SC　笹川作）
　英軍の前にプレゼンテーションされたM4A1の試作型。車体銃として固定連装銃が装備されている。M4こそ英軍の救援にかけつけた大天使"ミカエル"であった。

M31リカバリー(タミヤ製M3/inj+バーリンデン・Con)
M32リカバリー(イタレリ/inj)
　M3回収車をM31、M4回収車をM32と呼び、回収車といえどもM31は車体銃、M32は重機銃と迫撃砲まで搭載している。M31(右)はタミヤのM3にバーリンデンの改造キットを使用。パーツの精度が高く、組み立ての面白味があった。M32(左)はイタレリのインジェクションキットをストレートに組み立てている。

M3A1中戦車(アカデミーM3限定/RK・Con)　後列右側
M4A2中戦車(アカデミー/inj)　　　　　　前列左側
M4A3(タミヤ/inj)愈勝植氏（韓国）作　　前列右側
M4A1(イタレリ/inj)　　　　　　　　　　後列左側
　M3リーとグラントは、ロシアとオーストラリアへレンド・リースされた。M3A1は車体も砲塔もフルキャスト・モデル。M4A2は主にロシアへ輸出された。M4A1とA2は76mm砲搭載型M4各型式は旧著に紹介したので省略している。

M4A3E2"ジャンボ" 75mm砲搭載型(タミヤ/inj)
&76mm砲塔型(タスカ/inj) "ジャンボ"は防御装甲を重視した結果、重量オーバーとなり、サスペンションが破折、故障が多く、実車として残っているのは、ブリュッセルT/M(ベルギー)の1両のみ。その後M4A3E8(イージーエイト)が作られ、戦後も活躍する名戦車となる。

(3)M3スチュアート軽戦車

　1933年、アメリカは機銃2挺だけをもつM1コンバット・カーを作った。懸架装置は垂直コイルスプリングでボギーを支えるVVSS方式、履帯はダブルピン、サイドガイド方式という以後のアメリカ軍戦車の基礎を確立した軽戦車であった。続いて1939年にはM1から発展したM2A4軽戦車375両が作られ、訓練用に、一部は太平洋戦線に投入された。M2A4は10.5t、装甲厚25mm、武装は37mm砲を持ち、最高速度48km/hであった。ドイツ機甲部隊がヨーロッパを席巻していた1940年、M2の改良型M3スチュアートが設計され、量産に入った。M3は重量12.7t、装甲厚は38mmと強化され、最高速度も56km/hと高速であった。初期型は八角形のリベット接合の砲塔持ち、中期型から溶接砲塔となった。月産500両以上という大量生産を行ない、生産数はM3だけで13,693両にも達した。

　M3は航空機のエンジンを搭載していたが、航空機生産の強化によりエンジンが不足し、代わってキャデラック乗用車エンジン2基を搭載するよう改良したM5が作られる。M3/5は北アフリカ戦線から登場し、イギリス軍にも大量に供与された。その数は終戦までに6,904両に達し、イギリス軍将兵から「ハニー」の愛称を付けられている。なお、ソ連にも1,681両が供与された。M3/M5はジャイロ・スタビライザーが装備され、自動変速機を使用、車内は広くなり操縦しやすい軽戦車であった。

初期の軽戦車
　左から:**M3スチュアート軽戦車**(タミヤ/inj)、**M3スチュアート軽戦車極初期型**(タミヤ/inj+リンクス/RK・Con)、**M2A4軽戦車**(タミヤ/inj+Sc笹川作)、**M1A1コンバットカー**(タミヤ/inj+Sc・水島弘二氏作)

米軍M2A2軽戦車(FSC土居雅博氏作　ヴィネット)
　アーマー・モデリング04'3月号(Vol.53)に発売されたFSC作品。実車はこの世界に残存せず、後の改良型M2A3軽戦車はパットン戦車博物館に展示されている。詳細はA.M誌に記されているので略すが、戦車長のサービスハットが実に良く、このヴィネットを寄贈して頂いた。戦車兵の前身である騎兵と旧型ヘルメットをかぶった機銃手と組み合わせが良く似合う。(JNL.Vol.6,No2にM2A3は写真と共に掲載)

連合軍の大陸反抗が始まるとM3、M5ではドイツ戦車にまったく対抗できなかったので、75mm砲搭載のM24チャフィー軽戦車が登場することになる。M24は1944年末のアルデンヌ戦が初陣であった。M24は重量18t、装甲厚63mm、武装は75mm砲、最高速度56.3km/hであった。余談であるが、チャフィーの名称はアメリカ軍戦車部隊の創設者の名前を取ったものであるが、それまでの戦車の名称はすべて南北戦争で活躍した将軍達の名前であった。M24は4,195両も作られ、戦後は西側諸国に大量に供与され、我が国でも自衛隊創立時の戦車として使用された。

M2A3 軽戦車＆M1A1 コンバットカー（タミヤ M3＋SC 笹川作）
　パットンT/M（米）にのみ残るM2A3を取材し、T社M3を利用して作り上げ、塗装も展示車両通りとしている。M1A1も同様である。

M3A1軽戦車　（アカデミー/inj）
　M3ハニー(同社)とは砲塔、増加タンク、工具箱など細部が違うだけの2車種同時発売。キットは砲塔バスケット。操縦席などインテリアが良い。
M3A3軽戦車　（AFVクラブ/inj）
中仏米英、ユーゴ軍仕様のどれかを選んで作れるキット。アカデミーのM3とどちらも作りたくなること受け合い。

M22ロカースト英軍仕様(ブロンコ/inj)
M22を英軍仕様に改良、37cm砲、ライトガード、インテリアなど細部まで良く出来たキット。ロカーストとはいなご(バッタ)のこと

M5A1軽戦車(AFVクラブ/inj)
M24軽戦車"チャーフィー"(イタレリ/inj)
大戦後期の米軍軽戦車。両軍キット共に作り易い良いキット。

M22ロカースト空挺戦車(FSC 笹川作)上、右
　実車は輸送機で運搬されるため、かなり小型車両であり、FSCするにも利用出来る部品、車両が無く苦労した。苦労の甲斐あって06'東京AFVコンテスト・スクラッチ部門の優勝作となった。

(4)アメリカ軍自走砲

M4シャーマン、M3スチュアート、M3ハーフトラックが第二次大戦中のアメリカの代表的AFVだが、これら以外にも戦車やハーフトラックから改良された多くの自走砲がある。ここでは駆逐戦車と支援榴弾砲車を紹介する。アメリカ軍最初の対戦車自走砲はM3ハーフトラックに75mm野砲を搭載した75mmGMCであり、北アフリカ戦線に登場した(第3章「砂漠の援軍」を参照)。しかし、ハーフトラックでは防禦力がないためすぐに駆逐戦車が作られた。アメリカ軍の駆逐戦車はドイツ軍と違い、防御力よりもとにかく敵戦車を撃破する火力と速度を重視して作られた。これが軽駆逐戦車M18ヘルキャットと中駆逐戦車M10であった。1944年7月にはM10より装甲を増やしたM36ジャクソン駆逐戦車が登場した。M36は90mm対戦車砲を搭載してドイツ軍重戦車相手に活躍している。M10、M36とも足廻り、車体ともにM4シャーマンを使用している。(M36については後述紹介する)

M7"プリースト" 105mm自走砲
初期型(アカデミー/inj)中期型(ドラゴン/inj) 右側

M10ウルブリン (AFVクラブ/inj)
M10駆逐戦車後期型増加装甲付きのキット。
砲塔上面板を装着すると砲塔内部は全くかくれてしまうので内部は作られなかった。

M10駆逐戦車前期型 (AFVクラブ/inj)
T社M10が余りに古すぎ資料の有り余る現在、リメイクされたと言っても過言ではないキット。砲塔後面の黒ひょうマークが実にいい。

M4 105mm自走砲前期型(タミヤ/inj) 右より
キットはそのまま組立て、箱絵通り冬期迷彩とした。

M4カリオペ・ロケット砲車 (イタレリ/inj)
M4砲塔上に127mm多連装ロケット・ランチャーを搭載した車両のキット。

M12 155mm自走砲(アカデミー/inj)右より
同車種キットがクロムウエルから出ているが可動性と言い、デカールと言い、こちらに軍杯。

M7B2プリースト後期型
(イタレリ/inj+SC 笹川作)
105mm榴弾砲の仰角を上げるため、砲架を持ち上げている。それに応じて、機銃台を40cm上乗せし、車体前面に増加装甲板を施している。同じようにこの古いキットを改造し、内部に手を入れて作り直している。

M19対空自走砲ツインフォーティ(CMK/RK＋Mtl)前列右、ボフォース40mm機関砲を連装で搭載。
M41 155mm自走砲ゴリラ (CMK/RK+Mtl) 前列左
両車共にかなり作りにくいキットであるが、初めてキット化された自走砲であり、デカール付きなのが良い。
M18軽駆逐戦車ヘルキャット (AFVクラブ/inj) 後列
同時期にアカデミーからも同車が発売された。比較するとAFVクラブの方がずっと良いキットなのでそのまま組み立てた。
M39重砲牽引車(アカデミーM18+SC 笹川作)
前列中
買ってしまったアカデミーのM18には手を加え実車同様に牽引車に改造した。AFVクラブの155mm重榴弾砲を引かせている。

M39　重砲牽引車

T28(T95)重駆逐戦車(アキュリットアーマー/RK Mtl)
　2両だけ試作された重駆逐戦車である。105mm砲を搭載し、装甲厚300mmに達したが、重量は85tもあり最高速度はわずか13km/hであった。キットは足廻りがすべてホワイトメタル製パーツとなっている。戦闘状態と外側のキャタピラを外した運搬状態を選択できる。組立説明書は写真にナンバーをふるだけという非常に分かりづらいものとなっている。アキュリットの組立て説明書は改善を望みたい箇所である。
後にD社から出ているが、これが余り良くない。

(5)アメリカ軍輸送車両部隊

米軍兵員輸送車両（M3 APC）

T-19　105mm 自走砲（ドラゴン/inj）
105mm 榴弾砲を積んだ自走砲に防楯を追加した後期型、後にM7プリーストの出現により徐々に交代して行くが、活躍の割には制式車両（Mが付く）になれなかった。キットは内部まで良好に再現されている。

前列左より
M3A2ハーフトラック（タミヤ/inj）
M3A1スカウトカー（イタレリ/inj）
後列左より
M7カンガルーAPC（イタレリ/inj）
M16　20mm×4AA（タミヤ/inj）
M21　81mm自走迫撃砲（タミヤ/inj）

　ドイツ軍の装甲兵員輸送車の有効性に着目したアメリカ軍は、機甲師団の随伴歩兵用にM2、M3ハーフトラックを開発した。1940年2月から大量生産にされ、終戦までにM2、M3あわせて41,162両、さらに海外供与用のM5、M9が11,017両、合計52,179両という膨大な数が生産された。M3ハーフトラックは重量9.2t、武装は12.7mm重機銃1、乗車兵員13名、装甲厚は6.3mm(M5では7.9mm)、最高速度72km/hである。四輪駆動トラックにゴム履帯をはかせ、圧延均質鋼板で被っただけのM3は、アメリカ自動車産業のノウハウを用いた生産性の良さと運転のし易さで好評であった。ただし、ドイツのSd.Kfz.251に比べると、履帯接地長が短いため不整地踏破能力が低く、装甲も薄かった。終戦までに試作も含めて70種のバリエーションが作られているが、約9,000両が対戦車、対空迫撃砲搭載自走砲に、約1,000両が弾薬運搬車に転用されている。

　M3ハーフトラックは、ソ連に兵員輸送タイプが1,178両、自走砲タイプ1,750両(内SU57対戦車自走砲650)が供与され、イギリスへもM5A1として5,700両供与されている。

■アメリカ軍軍用車両

　アメリカは開戦以来、5年間で約320万台という驚異的な数の軍用車両を生産し、連合軍の兵器工場の役割を担った。特にイギリスとソ連には各々約50万台の軍用車両を供与し、そのために両国は戦車の製造のみに力を注ぐことが出来たのである。

　トラックのうち1/4t・4×4ジープは、フォードGPWウィリスMBあわせて64万台、ダッジWCシリーズ3/4t・4×4トラックが50万台、2 1/2t・6×6トラックの81万台が生産数からのベスト3であろうか。他にも1 1/2t、3t、4t、7tおよび7 1/2tトラック・シリーズが作られ補給物資の運搬に活躍した。(米軍トラックについては旧著に全種類紹介したので省略)

M26ドラゴンワゴン (タミヤ/inj)
M4A3E8最後期型 (ドラゴン/inj)
米軍40t戦車運搬車のキット化である。よく出来ているが難を言えば、ゴムタイヤが柔らかすぎ、レジン製に変えている。本来は無線器が付くのだが、基部と孔があいているだけ。荷台にはD社イージーエイト増加装甲付きの最後期型(朝鮮戦争仕様)を載せてみた。

パットン・コマンダー
(スカイボー/inj)
WC57 3/4トン乗用車のキット化。
パットン将軍旗デカール付き。

M8&M20 装甲車 (タミヤ/inj)
イタレリ社からも同車種がキット化されたが、やはりタミヤの方が車体内部までよく出来ている。

M4A3E8を積載した
M26ドラゴンワゴン

ダッジ3/4tコマンドカー・パットン将軍愛用車（スカイボウ/inj）
現在はAFVクラブからも発売されている。
GMC CCKW353フューエルタンクローリー（フォンデリーミニチュア/inj）

2 1/2t 4cm対空砲車（タミヤ2 1/2カーゴトラック＋ADV/Mtl砲＋SC笹川作）　上、左
米軍ではあまり使われず連合軍他国へ供与され、米軍は対空戦車を多用した。
40mmボフォース砲を搭載したトラックはかなり多数がつくられたにもかかわらず残存する車両は極めて少なくロンドン砲兵博物館に1両の展示があるのみである。

M4ハイスピードトラクター　（ホビーボスinj+EP）
仲々精密な作り易いキットである。カーゴには155mmと203mm砲弾を搭載してみた。
旧ニットーよりM4-18tトラクターとしてモーターライズキットが出ていたが、年月の差は争えない。
他にも米軍MVやトラクターは多種あるが、旧著で紹介している。

(6)アメリカ軍重戦車

独軍のパンター、ティーガーにアメリカもM4シャーマンのみで対抗しようとしていた訳ではない。パンター、ティーガーへの反撃企画に重戦車の開発があった。41年よりM6試作重戦車が生産され42年9月より量産された。M6重戦車は重量57t、装甲厚82mmの割には、火力(3インチ砲×1 37mm砲×1)最大速度35km/hと不満な性能しか得られないままに40両のみで生産は中止された。

M6重戦車 (FSC 笹川作) 左、下
米戦車のバイブルBP,Huicutt「Fire Power」誌に詳細と図面が有り、これを基に製作している。鋳造面はパテ盛りで重量感を出している。

M6A1重戦車(ドラゴン・ブラックラベル/inj)
ブラックラベル製M6A1は砲塔が小さすぎる。上記資料が有るので確認して欲しかった。

M26パーシング重戦車 （タミヤ/inj）
スーパー・パーシング重戦車 （タミヤ+アキュレット/RK+Mtl・Con）

　重戦車の開発は遅々として進まず、M26重戦車は44年11月になって生産が開始され、45年3月終戦間近に制式化され実戦投入された。スーパーパーシングはT26E3(M26の試作型)に105mm砲を試験的に搭載し、増加装甲を施した車両である。

　メタル製砲の重さで、実車同様T社M26のスプリングの前部サスペンションがへたってしまった。T社M26のサスペンションは可動であり、それだけでなく、細部も良く出来、組立て易い。ドラゴン社からもリリースされているが、タミヤの方が作り易い。

[表3] イギリス・アメリカの戦車生産数

	イギリス		アメリカ	
軽戦車	Mk.VI	1,400	M2A4	375
	テトラーク 1	20	M3, M3A1, M3A3	13,693
	ハリーホプキンス	92	M5, M5A1	8,884
	歩兵戦車マチルダⅠ	139	M24	4,731
	小　計	1,751		27,683
中戦車	歩兵戦車　マチルダⅡ	2,987	M3 リー＆グラント	6,528
	バレンタイン I～XI	8,275	（イギリスへ供与	2,653）
	巡航戦車 1～IV	1,030	（ロシアへ供与	1,386）
	Mk.V カビナンター	1,771		
	Mk.VI クルセーダー	5,300	M4 シャーマン（各型式）	49,234
	Mk.VII キャバリエ	500	（イギリスへ供与	17,169）
	セントー	950	ファイアフライ 600 含む	
	クロムウェル	3,000	（ロシアへ供与	4,102）
	コメット	900	（他連合国へ供与	656）
	小　計	24,713		55,762
重戦車	歩兵戦車　チャーチル	5,640	M6　M6A1	40
	センチュリオン Mk.I	6	M26（T26E3 含）	1,436
	小　計	5,646		1,476
自走砲	ビショップ	100	M8 軽自走砲	1,778
	セクストン 1、Ⅱ	2,150	M12	100
			M7 プリースト	4,267
			M40/43	615
駆逐戦車	アーチャー	665	M18 ヘルキャット	2,507
	アキリーズ（アメリカより	(1,648)	M10	6,706
	供与された M10）		M36 ジャクソン	2,324
	小　計	2,915		18,297
合　計		35,025		103,218

注》試作戦車、対空戦車、空挺戦車、(M22)、LVT(A)、及びカナダからの供与戦車は含まない。

第7章　日本帝国陸軍

　第1章「近代戦車の歩み」の項で前述したように、日本の戦車開発は1927年に輸入された戦車の研究から始められ、1929年にはヴィッカースMk.C型を模倣した89式中戦車甲型(試作型)が大阪砲兵工廠で作られた。このころの日本には乗用車の需要はほとんどなく、国産自動車会社も川島(スミダ)東京ガス電気、ダット、石川島自動車の四社だけで生産数もごく僅かであった。この時代にわずか2年で戦車を作ってしまったということに驚きを禁じ得ない。さらに燃料を考えてディーゼルエンジンを開発したが、戦車用の空冷ディーゼルエンジンの開発は今日まで我が国の自動車工業界へも多大な影響を与えた。1937年頃までは日本の戦車は世界の一流水準にあった。日本の戦車の特徴は、空冷ディーゼルエンジン、シーソー式サスペンションを持ち、速度が早く機動性がある反面、リベット接合と溶接を併用した車体装甲は薄く、防禦力が低かった。89式中戦車の開発当時は列国の戦車と同程度の装甲厚であったが、ヨーロッパ諸国の戦車と違って対戦車戦闘が考慮されることはなく、火力、防禦力も強化されることはなかった。このためノモンハン事件ではソ連軍のBT戦車に大敗してしまった。それでもなお日本の戦車は対戦車戦闘力が強化されることはなく、主力である97式中戦車の主砲を57mm短榴弾砲から47mm対戦車砲に変更したに過ぎない。当時の日本自動車工業界はまだ未熟であり、97式中戦車1両の生産コストは零式戦闘機6～7機分(一説には10機分)も要した。日本軍では航空機と艦船の生産が重視されて戦車は後回しにされ、開発は進まなくなってしまった。また日本の交通網、輸送能力を考えても97式中戦車以上の重量の戦車を作ることは出来なかった。鉄道輸送力も(狭軌道のため)、輸送船に載せるためのはしけや、クレーン設備もなかったからである。日本軍の戦車は、ノモンハン事件の教訓は得ていたはずではあったが、戦車の装甲厚を増やすことも主砲の大口径化をはかることもできず、大戦に突入せざるを得なかった。結局、日本の戦車は全部合わせても約5千両しか作られず、戦局に寄与することはほとんどなかったのである。

　この章では、貧弱な装甲と火力で連合軍戦車と戦い、全滅した帝国陸軍の戦車と使用された車両を観察することで、自動車大国となった現代日本の原点を考えてみたい。

89式中戦車甲型初期型(故小林善氏FSC)右側:同後期型(FM社/inj)
89式中戦車ガソリンエンジンを積んだタイプを甲型と称しているが、初期型の砲塔と車体形状は後期型となると全く異なる。

後期型はハッチをオープンとし、内部まで作り込んでいる。塗装は満州事変時の百武部隊仕様に、車長の製作は高栄正樹氏のご好意による。

89式戦車乙型（FM社/inj）AM誌付録品であり、こちらの方が甲型より先に出た。塗装は海軍陸戦隊仕様にしている。
乙型車長は高栄正樹氏の製作。

1、日本軍戦車(中戦車と砲戦車)

　89式中戦車の後を受けて作られた97式中戦車チハは、重量15t、装甲厚25mm、57mm/18口径砲(後に47mm/48口径砲に改められた)、最高速度38km/hである。日本軍の主力戦車として三菱重工(後に日立製作所)にて1,965両が生産されたが、BT戦車どころかさらに強力なアメリカ軍のM4シャーマン相手ではかなうべくもなかった。M3軽戦車にすら苦戦を余儀なくされ、1944年のフィリピンにおける戦車戦では、M4シャーマンにより全滅させられている。対戦車用としては75mm90式野砲を搭載した一式砲戦車(ホニⅠ)が応急的に作られ、前面装甲50mm、側面25mmという日本戦車としては重装甲を施し、1943年5月より124両が生産された他、相当数が97式より改造されアメリカ軍相手に善戦している。一式砲戦車はオープントップであったので、防禦力向上のために全面に装甲が施された固定式の七角形砲塔にしたものが三式砲戦車(ホニⅢ)で、1944年から若干数作られた。日本軍でも歩兵支援用突撃砲が少数作られた。これが四式自走砲ホロで、15cm38式榴弾砲が搭載され前面に25mm装甲が施されている。以上は97式の車体そのままに改造された自走砲である。

　1942年末頃より97式中戦車の火力、装甲を強化すべく作られたのが一式中戦車チへである。一式中戦車は重量17.2t、武装は一式47mm/48口径砲、最大装甲厚50mm、エンジンは12気筒統制型空冷ディーゼルエンジンで最高速度44km/hとパワーアップしている。車体は全面溶接方式になったが、この頃にはシャーマンやT-34もひとランク上の火力、装甲になっており、とても太刀打ちできるものではなかった。一式中戦車は終戦までに587両生産された。この車体を使用して75mm榴弾砲を搭載したのが二式砲戦車ホイで、31両作られている。本土決戦が叫ばれるようになると、M4シャーマンと渡り合える戦車として、一式中戦車をベースにして三式中戦車チヌが開発された。三式中戦車は、重量18.8t、砲塔、車体前面装甲厚50mm、武装は一式砲戦車(ホニⅠ)と同じ75mm/38口径砲、最高速度38.8km/hで有る。本土防衛用として約200両が生産されたが、実戦に参加する機会はなかった。この三式中戦車をもってしてもM4シャーマンには苦戦することが予測され、終戦間際にはシャーマンを凌駕する戦車として四式中戦車チトが開発された。四式中戦車は重量30t、装甲厚75mm、武装は四式75mm高射砲、最高速度45km/h、日本初の防弾鋳鋼製の砲塔を持っていた。性能的にはM4シャーマン(76mm砲型)とほぼ同じであり、もし実戦に投入されていたらかなりの威力を発揮したのであろうが、わずか2両が完成したところで終戦になってしまった。四式と同時期には五式中戦車チリも1両のみ試作されている。五式戦車は重量37t、装甲厚75mm、武装は四式75mm高射砲を搭載、副砲として一式37mm戦車砲を搭載、ガソリンエンジンを積み、最高速度45km/hであったと言われている。

試製97式中戦車(FSC・故小林善氏作)
1937年(昭和12年)に作られた97式中戦車の試作車はスポーク状複合転輪、上部転輪4個、サスペンションも量産型とは少々異なっていた。この転輪配置は履帯が外れやすかったという。車体中央にテスト用信号灯が付き、後部グリル・ガードが無いなど、細部も異なっている。

97式中戦車チハ後期型(ファインモールド/inj)
車体後部上面板が改良されている後期型を再現している。キットは良好な上に、砲塔のデカールが美しい。

97式中戦車チハ前期型
(タミヤ/inj)後列右
97式中戦車シキ指揮型
(タミヤ+ADV/RK)前列
一式(7.5cm)自走砲ホニⅠ(タミヤ/inj)
後列左
いずれもタミヤ社の古いキットであるが、作り易く安価で、タミヤ社最上のキットであると思う。

97式中戦車後期型(タミヤ+SC)左
97式中戦車改前期型(タミヤ+/inj)中
一式(10cm)自走砲ホニⅡ(タミヤ+SC)
いずれも素晴らしい小見野勝氏作品
小見野氏経営のスナック"ゼロ"に飾っていた作品を頂いた。

97式中戦車改(新砲塔)(ファインモールド/inj)
三菱重工製と相模工場製の2車種である。増加装甲板付きの車両が相模製。装着方法については「J-タンク」第4号(下原口修氏監修)を参考とした。

試製97式中戦車チホ(タミヤ97式＋ツイタデルデザイン/RK・Con)
4.7cm砲を搭載した新砲塔を開発し、2両のみ試作されたが、結局チへ車へ進化する途上の戦車であった。

一式中戦車チへと三式中戦車チヌ(ファインモールド/inj)
車体は一式と三式は大差ないが砲塔形状は全く異なる。車長キューポラ内側まで良く出来た素晴らしいキットであり、作りやすい。三式は主砲に75mm90式野砲を搭載し、攻撃力を高めている。

試製一式戦車ホイ7.5cm砲型(T社97式＋砲塔SC笹川作)手前と**二式砲戦車ホイ**(FM社/inj)右側
「J-Tank」に図面と共に発表された7.5cm山砲搭載の日立製試作戦車。
後に夕弾(タングステン砲芯)仕様に砲塔を改良し、二式砲戦車ホイとして開発された。

二式砲戦車ホイ(ファインモールド以下FM社と略/inj)
対戦車戦に備え三菱重工にて開発されたが、より優れた
三式中戦車の出現により30両が生産されたにすぎない。
ホイ車体は一式中戦車車体が使われた。

三式砲戦車ホニⅢ(FM/inj)
チハ後期型車体に7.5cm90式野砲を搭載し、戦闘室を完全密閉し防御性を高めた
自走砲。キットは砲尾まで再現されているので、ハッチを開けてインテリアを見せている。

試製五式15cm自走砲ホチ（FM社ホニIII＋P1T社15cm砲＋SC笹川）
ホチは昭和20年に1両のみ試作された。96式15cm榴弾砲は固定式。車長の将校フィギュアは高栄正樹氏作。

四式15cm自走砲ホロ（故小林善氏作）後列**試製12cm軽自走砲ホト**（FM社95式軽戦車＋SC笹川作）
＆くろがね四起機銃装備型（PIT/inj）
ホロは大戦中に実戦で活躍した数少ない突撃砲であった。これを受けて旧式（38式）12cm榴弾砲を95式軽戦車車台に搭載した自走砲ホトが数台作られた。12cm砲と戦闘室をSCし、車長と随伴歩兵は高栄氏の作品である。

四式 15cm 自走砲ホロ

試製 12cm 軽自走砲ホト

海軍12cm自走短榴弾砲&海軍試製12cm自走砲
(T社97式中戦車+SC笹川作)上、左
短12cm自走砲は商船武装用簡易高角砲を転用、佐世保に4両、横須賀で10両が完成していた。試製12cm自走砲は旧重巡用10年式高角砲を用い1両のみ完成していた。

試製三式中戦車長砲身型(ファインモールド/inj)
次ページの四式中戦車と同じ7,5cm高射砲を搭載した戦車である。キットにはアンテナ、対空機銃が入っていないので、各々T社、PIT社より借用している。

四式中戦車試作型&量産型（FM/inj）左、下
鋳造砲塔を装備している方が試作型。量産型の溶接砲塔より頑丈そうに見えるが、実際そうであったろうと思われる。浜名猪鼻湖に沈んでいると言われる幻の四式はどちらだろうか。

五式中戦車チリ（グムカ/RK+EP）&（FM/inj） 上、左
グムカが先行したが両車とも良く出来ている。ファインモールド製は内部まで良く再現しているので、ハッチをすべてオープンにしている。

試製重駆逐戦車ホリI（FM社五式中戦＋KATANA部品＋PIT10,5cm砲/Mt1＋SC笹川作）
KATANA社のホリは車体も砲もでたらめ。捨てるにももったいなく、FM社車体を使い上部戦闘室を自作、細部部品のみKATANA社部品を使用。独国エレファントに似た形状であるが、ホリの方が強そうに見える。後方はFM社五式中戦車。

ホリIの雄姿

試製10,5cm加濃砲塔載自走砲カト＆同重駆逐戦車ホリII型（FSC小林善氏作）
両車ともにペーパープランであり、ドイツのIV駆、ヤクトティーガーの影響を受けている。両車は私のスクラッチの師、亡き小林先生の遺作である。カトは四式、ホリIIは五式の車体を使っているのでFM社より発売されることを望む。

179

2.その他の日本軍AFV

　ここでは日本軍が使用した軽戦車と各種試作AFVを紹介しておこう。1934年95式軽戦車ハ号の生産が開始された。95式軽戦車は出現時には軽戦車としては一流水準の性能を持った戦車であった。重量6.7t、装甲は砲塔、車体とも12mm、37mm94式戦車砲、7.7mm機銃2挺、最高速度40km/hである。ドイツはI号戦車A型を作った年で、イギリスはヴィッカースMk.IV、イタリアはCV33タンケッテの時代、ソ連ではT-26Bが出現する時期である。中国軍相手には活躍したが、97式中戦車と同じくその後の列国の戦車の性能の進歩には取り残されて、太平洋戦線の全域で終戦まで使用されたのである。2,378両と日本戦車の中では一番多い生産量であった。しかし、前線からの95式戦車より優れた性能の軽戦車をという要望から、二式軽戦車ケトが作られた。二式軽戦車は98式軽戦車ケニ(100両程度生産)の改良型で、重量6.2t、装甲16mm、二式37mm戦車砲と車載重機1挺、最高速度50km/hと優秀な軽戦車であったが連合軍相手では火力不足で、30両しか生産されていない。大戦末期には軽戦車への火力増強のため、95式軽戦車に97式中戦車57mm砲塔をそのまま搭載した四式軽戦車ケヌが相当数生産された。砲塔分だけ重くなり、重量は8.4tに達している。

　ドイツ軍の戦車師団の活躍に刺激を受けて、日本軍でも装甲兵員輸送車が開発されている。98式装軌自動貨車が試作され、次いで全装軌式一式装甲兵車ホキが生産され、フィリピン戦で少数が使用されている。さらに大型の四式装甲兵車チソ(重量15t、装甲12mm)が生産された。

　日本軍独自の戦車として、太平洋の島々への上陸作戦に備えて水陸両用戦車が開発された。特二式内火艇カミは95式軽戦車の、特三式内火艇カチは一式中戦車の駆動機構を利用している。カミは180両生産され、サイパン、琉黄島、フィリピンで実戦に参加、カチは19両のみ作られたが、実戦に出ることなく終った。

(1)日本軍軽戦車

97式軽装甲車前期型＆後期型　(FM社/inj)　左側
94式軽装甲車を大型化した車両であり、本来は装甲弾薬運搬車であったが、偵察用として重宝され終戦まで活躍した。

95式軽戦車増加装甲型(FM社95式＋SC笹川作)　前列
98式軽戦車(ケニA)甲型(FSC故小林善氏作)「J－Tank」誌資料を基に砲塔、車体前面に増加装甲を施した後期型(戦中型)を作ってみた。98式は次ページの二式軽戦車として改良された。

98式軽戦車(ケニB)乙型(FSC笹川作) 上、右
98式のさらなるスピードアップを求めて、足廻りをクリスティサスペンションタイプとした乙型が作られたが、1両のみの試作に終わった。

二式軽戦車ケト(アリマ/RK)左側
三式軽戦車(FM社95式＋SC 小見野勝氏作)
二式に搭載された37mm砲では火力が不十分であり、57mm砲を装備を試作した三式軽戦車が試作されたが、砲塔内スペースが足らず断念された。

試製対空戦車ソキ
20mm単装砲型＆連装砲型(イエローキャット/RK)
98式軽戦車に対空砲を載せた日本初の対空戦車のキット化。少々作りにくいキットであるが、形状は見ての通りまあまあ。

181

四式軽戦車ケヌ旧型(FM社95式＋97式中戦)**ケヌ新型**(DRA社/inj)
左はFM社95式車体に97式砲塔を載せて合体させたもの。右はD社の新金型キットを選んで作り上げている。新旧ケヌ砲塔と運転席廻りの外形の比較に興味深いものが有る。

四式軽戦車ケヌ改(DRA社車体ケヌ新型＋同じく特二式内火艇砲塔)
前記「日本の戦車」誌に有るケヌ改(五式軽戦車とも言われる)を作ってみた。もっと早く出現していたら実戦で活躍していたと思われる。

試製4,7cm砲塔載軽駆逐戦車ホル(FSC笹川作)上、下
昭和20年1月に試作され1両のみ完成。起動輪はT－34と同様、内側嵌合式とし、履帯巾は広く、両側ガイドとなっている。車体は95式軽戦車、後方はオープントップであった。

(2)日本軍工兵用戦車

95式野戦力作戦リキ(FSC笹川作)
昭和10～19年まで日立と日野で年間13～16両も作られた装甲作業車で、発動機は池貝製であった。3tクレーンを装備し、後方のイスズ製94式6輪自動貨車工兵仕様(ベスペ/RK)と共に、工兵、戦車兵、砲兵隊に幅広く長期にわたって使われ、年代毎に各種タイプが存在する。SCは97式軽装甲車(FM)を基本に、1/72カール車輪、T－26車輪、95式軽戦車部品など使用したが、非常に困難な作業であった。

装甲作業器戊型(FSC笹川作)
上部に折りたたみ式超壕戦車橋を積み、前部に300kg装甲爆雷を装着可能ラックと地雷排除器(鉄製鋤)、左側に溶接ボンベ、後部に修理道具と万力を持つ。武装としては火災放射器大3、小2の5基、機銃1、発煙筒3を装備する7つ道具戦車。工兵用戦車の集大成となった最終型で、昭和15～19年に77両が作られている、車体は全く自作、ホィールなどT社1/48Ⅲ突を使用している。

超壕機TG（架橋戦車）（タミヤ97＋SC笹川）
「日本の戦車」出版共同社刊（原、竹内氏共著）に写真と共に図面、戦車橋、牽引ワイヤーなどの詳細が載っているので、これに沿って製作。車体はT社そのままだが、上部と戦車橋は自作が必要。アンテナ、ジャッキ等備品位置が通常とは異なっている。

97式戦車回収車（力作車）セリ（T社97式＋SC笹川作）
戦車の修理、回収用に開発され、クレーンを後部に常備するためエンジンを中央に移し、右前方に車長用（機銃）小砲塔、左後部にクレーン操作作業員席（ハッチ付き）を備えている。車体上部をすべて作り直し、小砲塔とクレーンは手作り。小部品はT社部品を利用し、左側面にクレーンジグを設置している。

97式中戦車ドーザーブレード付き（T社/inj＋水島弘二氏SC）**＆伐開機ホK車**（FM社一式中戦車＋SC笹川作）
伐開機とは密林の樹木をなぎ倒し道路を開拓する車両であり、ロシアの森林地帯を想定、関東軍に配備され、伐掃機又はドーザー付き戦車とペアで作業することになっていた。ホK車車体下部はFM社そのままだが、上部構造と伐開機は自作している。関東軍では伐開機をはずし、APCとして使っている写真も残っている。この車両は機銃、ライト（上部）アンテナを装備した関東軍仕様としている。

（3）日本軍装甲兵員輸送車と派生型など

試製98式装甲自動貨車＆全装軌式一式装甲兵車ホキ（FSC故小林善氏）
ホキ（試製）車台に92式重機関銃チーム（PIT/inj）を載せてみた。

一式半装甲兵車ホハ（イエローキャット/RK）**＆90式10cm加農砲**（PIT/inj）上、下
独軍兵員輸送車に似た形式のハーフトラックのAPC。キットは少し合わないし、かなり手間がかかる上に、前面車体銃（基部も）が省略されている。

試製7.5cm対戦車自走砲ナト
（イエローキャット/inj）
四式装甲兵車チソに試製7,5cm対戦車砲を搭載した自走砲で2両のみ作られた。キットは砲があいまいな駄作であり、存分と手を入れている。また、車体フロント部の傾斜が少しおかしい気がする。

四式30cm重迫撃砲車ハト（FSC笹川作）上、左
同じくチソに、170kgの弾丸を撃ち出せる30cm三式迫撃砲を搭載した自走砲。9両が完成し、一両は接収され、アバディーンT/M（米）に収納されていたが、現在の所在は不明。SCは「グランドパワー」誌08'年10月号の図面などを参考に車体も砲も自作している。

187

100式挺進観測車テレ（FM社97式軽装甲車＋SC笹川作）
&97式側車付自動2輪車（PIT/inj）
　実車は97式改造、エンジンを車体前部に移し、無線を後部に搭載した砲兵観測指揮車。SCは車体上部と乗員席、測距儀は独軍キットより流用している。サイドカー付オードバイは陸王機銃車2型である。

特二式内火挺カミ（アートレッド（旧アリマ）/RK）
前後にフロートを付け浮航状態をキット化している。砲塔は以前に販売されていた二式軽戦車の砲塔を用いている。手すりなど細部は自作せねばならない。

特二式内火挺&特三式内火艇（故小林善氏）
両車とも上陸後フロートをはずし戦闘状態にしている。三式後部は見事な表現である。
本格的水陸両用戦車は日本独自の創作であった。

特四式内火艇カツ（FSC笹川作）

開発時は人員、物資郵送用の水陸両用車（LVT）であったが、試作途上から雷装攻撃艇として49艘が建造された。うち16艘が千葉館山港に迎撃待機のまま終戦となったといわれている。
SCには、写真にあるDRA社カミ２台を使用、魚雷は1/72魚雷艇を用い、車体や13mm対空機銃などすべて自作している。

（4）日本軍牽引車と軍用車

96式六輪高射撃砲牽引車 左
98式半装軌牽引車 中
イスズ製、同池貝製 右
（FSC故小林善氏作）

98式4t牽引車シケ（PIT/Mt1）**＆96式6t牽引車ロケ**（PIT/Mtl）後列
　両トラクターに実車同様各々91式機動10cm砲及び、96式15cm重榴弾砲（いずれもPIT/Mt1）を牽引させている。ロケはinj化を期待したい。

水陸両用トラック　スキ車（Zen小林/RK）後列
93式六輪乗用車＆98式四輪起動乗用車（FSC故小林善氏作）前列右側
ダット14型セダン小型乗用車（フェアリー/RK）スキ車荷台上
はくろがね四起ピックアップ海軍型。スキ車はトヨタKCYトラックを改造し198台が生産された。93式六輪車はハドソン社（米）のコピー版7人乗り、軍司令指揮車としてスミダ社により開発され、98式はこれをベースに4輪駆動車としたスタッフカー。

88式7.5cm高射砲（PIT/Mt1）
この高射砲は96式及び98式牽引車により牽引されていた。キットは素晴らしく、射撃状態としたが、牽引状態にも可能。

95式小型乗用車くろがね四起(PIT/inj)
97式側車付自動二輪車陸王(PIT/inj)
くろがね四起は日本では御殿場「防衛技術博物館」に唯一現存する（乗用車タイプ）。キットはエンジン室の再現が見事なのでボンネット、オープン状態としている。

トヨダ乗用車AB型フェートン(タミヤ/inj)
トヨダ乗用車博物館（小牧長久手）に保存されている乗用車のキット化。フェートンは353台が作られ、ほとんどはカーキ色に塗られ、軍に収められた。私は民間用グリーンに塗っている。

トヨダG1トラック(FM/inj) 上、左
トヨダ自動車創立70周年記念事業に、トヨダ技術会が愛知産業技術館に残る復元実車を基にFM社がキット化。会員に限定配布したキットで市販されていない。キットは塗装済みであり、エンブレム、ワイパーなど金属部分はEP部品が完備し、私は荷台木目を出すためドライブラシしたのみ。

　日本軍には他にも多種製造された自動貨車（トラック）牽引車（トラクター）など有るが、旧著に全車種を紹介している。
　以上、日本軍はその優秀な技術を駆使し、多くのAFV、MVを輩出している。G1トラックキット解説中に、FM社の鈴木邦宏社長は「私達は工業立国でありながら、産業遺産そのものを重要視しない国民性なのだろうか。近代の工業技術は一朝一夕に成り立ったものではなく、先人たちの努力の上に成り立っていると考える。（中略）過去を振り返り考えることも重要ではないか」と述べている。
　軍用車とは言え、この当時の科学技術の粋を集め、日本人の英知の塊りである。これらを保存することは、有意義であり、我々が御殿場に「防衛技術博物館」を設立する目的でもある。

191

第8章　ドイツ帝国の終焉

　クルスクの大戦車戦で大損害を被ったにも関わらず、1943年12月にはソ連軍はクルスク戦以前の戦車保有数(11,000両)に復している。一方ドイツ軍の戦車保有数はソ連軍の4分の1にしかならなかったが、この比率は終戦まで変わらなかった。また、独ソの戦車損失率は1943年夏は1:4であったのが1944年夏は1:2と半分まで縮まってしまった。ソ連戦車隊は機動戦術を完全に会得し、戦車の性能向上も相まってドイツへ向けて快進撃を続けていた。

　イタリア戦線では連合軍の上陸とともに盟邦イタリアは休戦し、ムッソリーニは失脚してしまった。イタリア戦線のドイツ軍はグスタフラインに代表される防衛線に拠って遅滞戦闘を続け終戦まで戦い続けた。

　西部戦線ではノルマンディー海岸に上陸した連合軍は1944年8月にパリを解放し、ドイツ国境に作られた防禦線ジークフリート・ラインへ迫った。フランス南部から6個師団を率いるパットン将軍のアメリカ第3軍は猛進する。並行して北フランスからベルギーへ、イギリス第21軍を率いるモンゴメリー将軍との競争であった。1944年9月17日、モンゴメリーの作戦指揮の下マーケットガーデン作戦が開始された。空挺4個師団がオランダ～ドイツ国境のライン川にかかる橋を制圧し、機甲部隊が一気に駆けライン河を渡りドイツへ侵攻する足がかりをつけようとするものであった。しかし、この作戦は東部戦線帰りの歴戦のドイツ機甲部隊の反撃によって失敗してしまった。

　マーケットガーデン作戦は失敗に終ったものの、1944年末には連合軍はその物量に物を言わせてライン川西岸へ迫っていた。そこでヒトラーはとんでもない賭けに出る。東部戦線の戦力まで引き抜き、航空兵力を集め、新型戦車を多数投入してアルデンヌの森から北上し、アントワープ港まで一気に連合軍を蹴散らしてしまおうというまさに乾坤一てきの大作戦であった。1944年12月16日、ドイツ軍は9個戦車師団の戦車2,500両、18個歩兵師団、兵力20万名、航空機2,500機を投入して「ラインの守り」作戦が開始された。北部リェージュへはゼップ・ディートリッヒの第6機甲軍、南部バストーニュへはマントイフェルの第5機甲軍が受け待ち、全軍の先頭に立ってヨーヘン・パイパー少佐の戦闘団がアメリカ軍の戦線を突破した。後続はブランデンベルガーの歩兵第7軍、これらB軍集団を統率するのはモーデル元師であった。一方、油断していたアメリカ軍は3個機甲師団、5個歩兵師団のあわせて兵力8万名足らずであり、前哨陣地はドイツ軍重戦車に踏み潰された。特に、パイパー率いる戦闘団はティーガーII型を先頭に、パンターG型と装甲兵員輸送車多数で編成された特別攻撃部隊であり、M4シャーマンを次々と撃破し、米兵の捕虜1万名を得て、奇襲作戦は成功するかに思えた。

　しかし、1940年のフランス侵攻時と違って、兵士の質の低下と燃料の不足は深刻な問題であった。アメリカ軍はヒトラーの主張する「アメリカ兵は弱い」というイメージをくつがえし、交通の要衝バストーニュでは、空挺第101師団が頑強な抵抗によってドイツ軍の進撃を阻止した。逆に、救援に駆けつけたパットン将軍の第3軍に南方から、そしてモンゴメリーのイギリス軍等に北方から包囲されてしまう。パイパー戦闘団は突撃を続けたものの、作戦開始後わずか9日目で燃料の補給が受けられず戦車を放棄して退却した。(この作戦を米軍側は「バルジ作戦」と呼称している。)

　さらに、ドイツ第5機甲軍の先陣、SS第2戦車師団のパンターは、アメリカ第2機甲師団のM36駆逐戦車と撃ち合い、壊滅してしまった。ついに1月9日、ヒトラーも撤退命令を出す。ドイツ軍はこの作

で航空機1,600機を失い、燃料不足で動かない車両は次々と地上攻撃機に爆撃され、戦車650両を含む2,000両の車両も失い、戦死、捕虜12万人を出し、作戦は完全に失敗。3ヶ月後、物量に勝る連合軍に圧倒され、ジークフリート線、ラインの守りもレマーゲン鉄橋から突破され、東方からのソ連軍の大機甲師団によりベルリンは陥落、降伏に至るのであった。

1.大戦後期ドイツ軍戦車

主力のパンター戦車.

独ソが開戦した時ドイツ戦車は無敵を誇っていたが、ソ連のT-34の防禦力、攻撃力、機動力のどれひとつ取り上げても主力であるⅢ号およびⅣ号戦車では歯が立たないことを認識させられる、これがT-34ショックであり、開発中の重戦車ティーガーの生産を急いだのであった。また戦車連隊に配備する主力戦車として新主力戦車パンターの開発が始められた。

　最初の生産型であるパンターD型は重量43t、装甲厚は砲塔前面100mm、車体前面80mm、主砲は75mm/70口径、機銃2挺を持ち、最高速度55km/hである。75mm/70口径砲はティーガーⅠ型の88mm/56口径砲とほぼ同じ装甲貫徹力を持つ強力な砲であった。また、これまでのドイツ軍戦車のように垂直面で車体を構成せずに、避弾経始が考慮されたT-34を真似して車体、砲塔とも傾斜角度が付けられている。足廻りはトーションバー・サスペンションで左右の転輪を重ねた挟み込み式で重量の配分を図っている。エンジンはマイバッハ12気筒(23.095cc)700馬力で最高速度55km/h、攻守走のバランスのとれた優秀な戦車であった。D型はクルスク戦から投入されたが、開発を急いだためトランスミッションの故障が相次ぎ稼働率は低かった。D型後期には初期不良は改善されたほか、キューポラに対空機銃マウントが取り付けられ車体側面には厚さ5mmのシュルツェン(補助装甲板)が取り付けられた。続くA型では砲塔側面発煙弾発射器が廃止され、防盾基部とキューポラを変更し砲塔側面のピストルポートを廃止。上面に近接防禦兵器が装備され、砲の照準器が双眼から単眼になった。A型から車体前面ピストルポートの代わりにボールマウント式機銃を装備、車体後部排気管が改良された。最終型のG型では車体前面の操縦手クラッペが廃止され、車体側面装甲厚が40から50mmの一枚板に増強されるなどの改良が施された。最後期には砲塔防盾が顎付きのものとなり、転輪は一部が鋼製転輪となった。

　パンター戦車は僅か2年の間にⅣ号戦車の8,000両に次ぐ5,800両以上が作られ、終戦までドイツ軍戦車部隊の主力として活躍したのであった。

ドイツ最後のV号パンター主力戦車　右より
パンターD型前期型(クロムウェル/RK)
パンターA型後期型(イタレリ/inj)
パンターG型前期型砲塔増加装甲付き
(ドラゴン/inj+EP)

193

独軍パンターA型前期型(イタレリ+SC 上田 昌夫 先生作)
　さすがに著名な歯科矯正家の作品である。装備品の取り付け部や雪の附着状態を見て欲しい。先生はAFV工作に比べれば歯科矯正用ワイヤー、ベンディング(曲げ方)なんて簡単と言い切る。歯並びの悪い現代人は恥ずかしい。歯並びの悪い方は上田先生に診てもらっては。

V号パンターG型最後期型(土居雅博氏作)　"ベルリン攻防戦"ディオラマ

V号パンターD型後期型(ドラゴン/inj)前列左側
クルスク戦に初登場したD型の初injキット。キットはパンター戦車決定版。第39連隊の白豹・デカールとカラー組立て図が最高。
ケーリアン対空戦車(グンゼ/inj)後列右側
パンター砲兵観測車(グンゼ/inj)前列右側
二両ともV号G型後期型に専用砲塔を載せるだけのキット。細部にハイテクシリーズの面影を残す良いキットである。
V号2cm4連装対空戦車(タミヤ+リアルモデル/RK・Con)
タミヤ社V号G型に、実車同様2cmFLAK×4連砲塔を載せるだけ簡単なConキット。

V号パンターG型後期型(タミヤ/inj)

V号パンターG型夜間戦闘型(タミヤ/inj)
SWS"ウーフー"(60cm探照灯装備)
(ライオンロアー/inj)中央
Sdkfz251/20"ファルケ"夜間戦闘車
(ドラゴン/inj)右側
夜間戦闘用に暗視野装置を設置し、夜間戦闘団の"ナハトイエーガー"と行動を共にした車両。

ナハトイエーガー部隊(ドラゴン/inj)

V号パンターG型最後期型(グンゼ・ハイテック/inj+Mtl+EP)右側
V号パンターF型(ドラゴン/inj)
グンゼ社パンターG型はメタルパーツが多く上級者向きのキット。
F型は試作車であった。キットは88mm砲塔載型(FII型ともいわれる。)

M10偽装V号パンター(ドラゴン/inj)
V号ベルゲパンター(回収車)　後列左側
ベルゲパンター初期型(ICM/inj)前列右
(イタレリ/inj)
ベルゲパンターIV号砲塔搭載型
(イタレリ+タミヤ砲塔/inj+SC笹川作)
独軍工兵隊が使用したV号回収型の車両と、アルデンヌ攻勢に先だって奇襲用にV号をM10に似せた工兵の努力作が面白い。

2.ティーガーⅡ型重戦車

　第二次大戦中に作られた最強の戦車がティーガーⅡ型である。アメリカ軍からはキングタイガーと仇名されたティーガーⅡ型は88mm/71口径砲、機銃2挺を装備、近接防禦兵器を持ち、装甲厚は砲塔前面180mm(ヘンシェル型)、車体前面150mm、砲塔側面および車体側面、後面80mmという重装甲で重量68t、最高速度は38km/h、航続距離160kmである。その88mm/71口径砲は高初速で弾道が低伸するため極めて命中率が高く、JS-2スターリンですら2,000mの距離から一撃で撃破できた。T-34やM4シャーマンならば3,500mでも一発で仕留めた記録がある。その180mmの厚さを持つ前面装甲は、いかなる連合軍戦車も貫通不可能であった。側面、後面からの攻撃に対してもT-34、M4の75〜76mm砲では簡単にはじき返され、ティーガーⅡ型に対戦車戦を挑むことは無謀なことであった。それほど強力なティーガーⅡ型ではあるが、機動性は低かった。70t近い巨体にエンジンは45tのパンターと同じ物(700馬力ガソリン・エンジン)を積んだのであるから、完全にパワー不足で、燃費も1ℓあたり162m、大食いの鈍重であった。さらに開発を急いだため故障も多く、燃料切れで動けなくなったところを地上攻撃機にやられたり、乗員の手で爆破、遺棄されたのが損失原因のほとんどであった。ティーガーⅡ型は、初期にはポルシェ博士が設計した試作重戦車VK4502(P)の砲塔を搭載した型が50両作られたが、防盾下部への跳弾が操縦席天板を破壊する弱点と、製造が難しいために、量産型はヘンシェル製の砲塔で生産された。ティーガーⅡ型の総生産数は試作車3両を含めて、485両から492両と言われているが定かではない。

　ティーガーⅡ型の出現が連合軍に与えたショックは大きく、JS-3スターリン、M26パーシング、コメット、センチュリオン等の戦後型戦車の開発に大きな影響を与えている。

ティーガーⅡポルシェ砲塔型(タミヤ/inj)
ティーガーⅡ初期型のポルシェ砲塔型の車体は後のヘンシェル型も同じである。キットはさすがにタミヤ作り易い

ティーガーIIヘンシェル砲塔型(ドラゴン/inj)&**ポルシェ砲塔型** 右
タミヤとドラゴン共に、ポルシェ、ヘンシェルの両タイプを出している。

ティーガーII最後期型 右、下
(タミヤ+チェサピーク/RK+Mtl.Con)
砲塔には測距器を両側に付け、車体後部エンジンファンを増加し、エンジン出力増が予想される。キットは砲身、キャタピラ等メタル部品が多く、特にキャタピラは可動するというすごさ。

3.ドイツ軍駆逐戦車

　戦車の慢性的不足に悩んでいたドイツ軍はⅢ、Ⅳ号突撃砲を対戦車戦闘に多用してきたが、突撃砲を進化させて本格的対戦車戦闘専門の駆逐戦車を開発した。駆逐戦車は突撃砲と同じく限定旋回の固定式砲を搭載している。充分な対戦車能力を得るために大口径砲を搭載、さらに姿勢を低く装甲を厚くして、対戦車戦闘での防禦力を高めていた。最初に作られた本格的駆逐戦車は、ティーガーⅠ型の競作に敗れたポルシェ博士の設計したVK450(P)の車体を利用したフェアディナント(のちのエレファント)重駆逐戦車であった。続いて、フェアディナントの前線での運用教訓に基づいてⅣ号戦車車台を使ったⅣ号駆逐戦車の量産が始められた。1944年1月からは、性能的に旧式になった戦車は次々と駆逐戦車に改造、再生され、戦車連隊にも戦車の代用として配備された。ここでは軽、中、重の順に模型化された駆逐戦車を解説している。駆逐戦車車体前面のくさび型形状とザウコップフと呼ばれる厚い防盾は、大口径砲とともに仲々格好良い。ドイツ軍駆逐戦車は全車種がキット化されている。

(1)軽駆逐戦車ヘッツァー

　チェコスロバキアの占領によってドイツ軍の手に入った38(t)軽戦車は、当時としてはⅢ号戦車と同等の高性能の戦車であった。戦車としては第一線を退いた1942年以降も、機械的信頼の高い車体は各種自走砲のベースとして使用されてきた。1944年4月に、38(t)のコンポーネントを利用した軽駆逐戦車ヘッツァーが誕生した。ヘッツァーは75mm/48口径砲と簡易リモコン機銃1挺、重量16t、最高速度は42km/h、装甲は40°の傾斜角で車体前面60mm。前面防禦力はまあまあであったが、側面20mm、後面8mmは兵員輸送車並みであった。バランスのとれた性能で、敗戦まで2,584両と、駆逐戦車のなかでは一番数多く作られた。

ヘッツァー最前期型(エデュアルド/inj)右側
ヘッツァー最後期型(ドラゴン/inj)左側
ヘッツァー最初と最後のコマンドタイプである。防盾の形態の違いだけでなく、細部に異なる点が見られる。
(ヘッツァーとは狩りの勢子の意味がある)

ヘッツァー中期型(タミヤ/inj)右側
ヘッツァー後期型(エデュアルド/inj)

ヘッツァーの派生型

ヘッツァー戦車回収車
(イタレリ+ニューコネクション/RK・Con)
ヘッツァー火焔放射戦車(ドラゴン/inj)左側
戦車回収車はニューコネクションのコンバージョンキットである。大変作り易く、戦車回収車は内部まで精巧に再現されている。工具入れもオープンであるため、工具を自分で好きなように入れられるのが楽しい。火焔放射戦車はドラゴンのキットをストレートに組み、アルデンヌ戦で見られた迷彩塗装にした。

38(t)8cm迫撃砲車(タミヤ+ニュー・コネクション/RK.Con)
&38(t)2cmFLAKAA(アラン/inj)
T社マーダーⅢ型M型に迫撃砲を載んだ自走砲のキット。内部まで良く出来ていてニュー・コネクションにしては上々。2cmFLAKAAは排気管が雑なキット。

ヘッツァー対空戦車
(ドラゴン+ニュー・コネクション/RK.Con)
対空にしては防御力が無く、対歩兵用と思われる車両。2cmFLAKはタミヤより流用。
ヘッツァーSIG15cm自走砲
(ドラゴン+ニュー・コネクション/RK.Con)
試作車までキット化するのはよいのだが、15cm砲はいい加減で、内部も良くない最低のキット。かなり細部自作が必要。

ヘッツァー後期型のインテリア(エデュアルド/inj)
エデュアルドのキットは細部々品が大きすぎるのであちこち削合して組み上げねばならないが、完成してみると仲々興味深い。

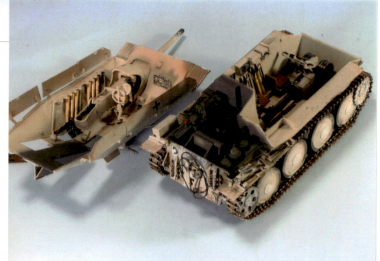

200

ヘッツアー兵員輸送車"カッツエン"（猫ちゃん）
(コラ/inj) 左、下
ニューコネクションからも同時に発売されたが、これは購入しない方が良い。全く適合性悪く私は珍しく完成できなかった。コラ社の方がずっと良い。

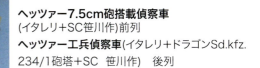

ヘッツアー7.5cm砲搭載偵察車
(イタレリ＋SC笹川作) 前列
ヘッツアー工兵偵察車(イタレリ＋ドラゴンSd.kfz.234/1砲塔＋SC 笹川作) 後列

ヘッツアーシュタール
(イタレリ＋ニューコネクション/RK・Con)
ヘッツアーの進化型として7.5cm無反動砲を積んだタイプが試作されている。シュタールは防盾のみならず車体上部にかなりの改良が見られる。

(2)Ⅳ号駆逐戦車

　Ⅳ号駆逐戦車はⅣ号戦車の車台を利用して作られた駆逐戦車である。試作のO型と初期の量産型であるF型は75mm/48口径砲を搭載し、装甲厚は車体前面60mm、側面30mmであったが、後にパンター戦車と同じ75mm/70口径砲を搭載、前面装甲80mm側面40mmに強化された。Ⅳ号戦車L70ラングと呼ばれる後期型は、装甲が増えたため、重量は26tとなり機動性が低下してしまったが、主力戦車パンターと同じ砲を装備し、その低い姿勢と相まって、対戦車戦闘では威力を発揮した。1944年8月からは、Ⅳ号戦車の車体にそのまま戦闘室を載せた暫定型(ZL型ツヴィシェンレーズンク)が作られた。Ⅳ号駆逐戦車は全型式あわせて1,977両が完成し、東西両戦線で終戦まで活躍している。

Ⅳ号駆逐戦車A-O型(ドラゴン/inj)**同F型**(グンゼ/inj)左側
両キットとも初期のⅣ駆をうまく再現している。

Ⅳ駆L/70(V)ラング(イタレリ/inj高橋司氏作)**&Ⅳ駆指揮型**(ドラゴン/inj)前列
Ⅳ駆L/70(V)前列とⅣ駆後期型(指揮型)後列の競作である。

IV駆L/70(A)ZL型(グンゼ/inj+タミヤ/inj車体/Con土居雅博氏作)
終戦時の迷彩塗装を施こしたZL型。ZL型は工期を短くするため、IV号戦車にそのまま載せた戦闘室がいかに高すぎる車高になってしまったかが良く分かる。

IV駆L/70(A)ZL型
(ドラゴン/inj)小野山康弘氏作
表紙(P.1)ディオラマ作品の一部拡大である。
砲身を物干し竿代わりにしている農民家族が面白い秀作。

203

(3) 重駆逐戦車ヤークトパンターとヤークトティーガー

　ドイツ軍はさらに強力な重駆逐戦車を開発した。パンター戦車の車体を利用して1944年1月から生産が開始された重駆逐戦車ヤークトパンターである。ヤークトパンターは重量46t、武装はティーガーⅡ型と同じ強力な88mm/71口径砲と車体機銃1挺、装甲厚は前面80mm、側面50mmであるが55°の傾斜装甲をもち、最高速度も46km/hと、機動力も高い重駆逐戦車であった。ヤークトパンターはエレファントに軽快な機動性を与えたようなもので、ドイツ駆逐戦車のなかでも攻守走のバランスのとれた優秀な戦車であったが、出現時期が遅すぎた。生産数わずかに392両で、わずかにアルデンヌ戦での活躍が伝えられている。

　ヤークトパンターでも十分に強力であったにもかかわらず、ドイツ軍はさらに強力な駆逐戦車を作りあげた。ティーガーⅡ型の走行装置を利用したヤークトティーガー重駆逐戦車である。ヤークトティーガーはティーガーⅡ型の車台を37cm延長し、重量70t、128mm/55口径砲という駆逐艦の主砲と同じ巨大な砲を搭載し、戦闘室前面装甲はなんと250mmという怪物戦車であった。その128mm砲弾は2,000mの距離で148mmの装甲貫徹力があり、連合軍のいかなる戦車も一撃で吹き飛んでしまった。攻撃力、防禦力とも最強の駆逐戦車であったが、戦闘重量が76tにも達したにもかかわらず、パンター戦車と同じ700馬力エンジンをそのまま積んだため、最高速度は20km/hしかなかった。エンジンが改良されて38km/h出たというレポートもあるが、筆者はその後の戦闘資料からして疑問を持っている。生産は1944年7月から開始され、わずかに77両が生産された。その鈍重さ故に大半の車両は対戦車戦に従事する前に地上攻撃機および歩兵携行用ロケット砲によって撃破されてしまったが、レマーゲン鉄橋防衛戦では大活躍をしている。

ヤークトパンター前期型(旧タミヤ/inj　土居雅博氏作)

ヤークトパンター極初期型(グンゼ/inj)前列
前期型(イタレリ/inj)後列右側
後期型(グンゼ/inj+Mtl)後列左側

ヤークトティーガー(前期型)ポルシェ型(ドラゴン/inj)上
ダークイエロー単色塗装は上田昌夫先生をまねた彩色を施こした。

ヤークトティーガー(後期型)ヘンシェル型(タミヤ/inj 土居雅博氏作)　右、左
タミヤの旧リモコンキットのボックスアートの迷彩を再現している。

205

4.鹵獲戦車

　ドイツ軍ほど鹵獲戦車を大量かつ有効に使用した軍隊は他にはない。鹵獲車両と言っても入手方法が異なり、実際に戦場で無傷で手に入れたもの、降伏した国の車両、損傷を受けているもの、そして接収した敵国工場に部品があり、組み立てを完了させたもの等があげられる。さらにはそれらを使いやすいように、あるいは別の用途の車種に変更し、ドイツ軍仕様としたものまで多種存在する。模型化しても車体と武器の組み合わせなど非常に面白く、筆者もそうであるが、楽しいことこの上ない。

　一番最初にドイツ軍戦車隊に取り入れられ、数多く使われたのはチェコ製の38(t)軽戦車であった。同じくチェコ製の35(t)軽戦車は219両しか使われなかったが、38(t)軽戦車だけで1,411両、マーダーIII対戦車自走砲の車台として1,756両、グリレ自走榴弾砲として373両、対空自走砲141両も使われた。さらに最後にはヘッツァー駆逐戦車に2,584両と、この戦車抜きでドイツ戦車は語れないほどであった。ダンケルクの撤退時に残されたイギリス軍AFVも興味深い。これらは700両近くあり、特にそのほとんどを占めたブレンガンキャリア(ユニバーサルキャリア)は、元来の牽引のみならず、自走砲に改造された。イギリス軍車両と同じく1940年のフランス降伏後に大量に鹵獲したフランス軍戦車は二線級部隊で使われた他は、前述したように自走砲に改造された。ホチキス、ルノー軽戦車やソミュア中戦車、パナール装甲車等がそのまま使われるか自走砲に改造され、各戦線で使われている。また、連合国と講和してドイツ軍が進駐したイタリアではイタリア製戦車、突撃砲がドイツ軍部隊によって使われたほか、残っていた資材を使って完成させた戦車もかなりの数にのぼっている。東部戦線でも緒戦から大量の鹵獲戦車を得たはずであるが、ソ連軍車両は故障が多かったせいか大部分は使い捨てにされた。重用された鹵獲車両はやはりKVとT-34であり、両車あわせて700両以上がドイツ軍戦車隊に組み入れられている。

イギリス製独軍仕様

クルーザーMk.IV中戦車744(e)（ブロンコ/inj）左、右

独軍にそのまま編入し使用するにしても弱点は承知していたようで(英軍巡航戦車は装甲がうすいので)車体前後と砲塔に増加装甲が施こされている。

10,5cm式榴弾砲塔載自走砲Mk.IV736(e)(FSC笹川作)足廻りはT社ブレンキャリア2両を使用して、Mk.IVB軽戦車車台を作り上げ、外観と内装、砲をSCしている。

■ドイツ軍に使用されたイタリア軍AFV数

P40 中戦車	103
M13～15/40～42中戦車	115
セモベンテ突撃砲M42～43/75	237
セモベンテ突撃砲M43/105/25	117
セモベテ突撃砲L40 47/32	16
カルロコマンド指揮車	41
AB41/43装甲車	122
合計	751両

イタリア製独軍仕様
P40中戦車737(i)(イタレリ/inj)
M43セモベンテ105/25 853(i)(クリエル/RK)
P40(75mm砲塔載)とM43セモベンテ(105mm砲塔載)はイタリア軍車両としてはかなり威力が高かったので生産が継続され独軍戦車隊に組み入れられ使用された。伊軍では使用されていない。

後列左から:**ユニック107・Flak38前期型**(H&K/RK)、**シャールB1火焰放射戦車**(アルビー/Rk+SC)、**ルノー47mm対戦車砲搭載自走砲**(アイアンサイド/Rk)、**ルノーUE機銃車**(DES/RK)ドイツ軍最初の火焰放射戦車シャールB1をアルビー製キットより改造した。実車と同じく火焰放射ノズルとアンテナ、車体上部に少々手を入れただけで簡単に出来る。初心者向きの改造である。

フランス製独軍仕様車両

パナール装甲車鉄道仕様(アルビイ/inj)
同じく**5cmKWK L/42搭載型**(FSC笹川作)
鉄道型はそのまま組み立て、5cm砲型はSCし、パンツアーシュレッケなどドイツ製武器を積み、防弾板を自作。

ラフリーW15T兵員輸送車(ミニチュアモデル/RK) 前列左側
独軍兵員輸送車の不足を補うため、24両が現地改造され軽兵員輸送車として使用された。
ルノーAMR34式8cm重迫撃砲搭載偵察戦車(FSC笹川作) 後列右側
ルノーAMR35軽戦車より改造された8cm重迫撃砲車。この車両が仏製車台を使った最初の改造車両であった。
ユニックP107 2cmFLAK後期型(H&K/Rk) 後列左側
ソミュアMCG多段迫撃砲付装甲兵員車(ブラチモデル/RK)

7,5cmPaK搭載ソミュアMCG対戦車自走砲(ブラチモデル/RK)
ブラチモデル製品はかなり作り難いが、キットは上々。

ソミュア中戦車独軍仕様(エレール/inj) 小野山康弘氏作 ディオラマ
細部に手を入れソミュアを作り、レール上の自転車運搬車が実にいい。

ソ連製戦車独軍仕様

T-34/76D型(タミヤ+SC 三浦正貴氏作)
T-34AA 2cmFLAK×4
T-34両車種は三浦氏より寄贈頂いた作品。特にT-34AAはフィギュア共に秀作である。

KV-II独軍仕様(ドラゴン/inj)
タトラT72軽装甲車独軍警察隊仕様(コラ/RK)

米国製独軍仕様

M4ファイアーフライ独軍仕様(ドラゴン/inj)
M8AC独軍仕様(イタレリ+SC)
M8MG151×3 AA(タミヤ+ニューコネクション/RK.Con)

M8の砲塔はMG151×3AA3連装対空機銃を入れるには手狭せまであり。砲塔を前後逆にして、使用している点が面白い。

209

5.ドイツの同盟軍
(1)フィンランド軍

III突G型前期型フィンランド軍仕様(タミヤ+SC笹川作)
改造点は、車体前面コンクリート・ブロック、側面予備ホイール架、後部道具箱など。
T-34フィンランド軍仕様(タミヤ+SC笹川作)左側
パローラ戦車博物館(フィンランド)に残る捕獲車そのままにスクラッチ。マズルブレーキはD社7.5cmPAK97/38から流用。フェンダーライトなど小改造で完成する。

III突G型後期型フィンランド軍仕様(タミヤ/inj)
側面の防御用丸太付きで楽しいキットである。

JSU-152フィンランド軍仕様(イースタン・エクスプレス/inj+SC笹川作)
同博物館そのままにスクラッチ。JSU-152初期型に手すりなどを変え、排気管を車体上面から後部へと延長している。

BT-42自走砲(タミヤ/inj)捕獲したBT戦車に旧式な7.5cm榴弾砲を搭載した自走砲。

(2) スイス軍

　捕獲車両ではないが、中立国スイスは35(t)38(t)系戦車を購入、ライセンス生産し、かなりの量を所有していた。

パンツアーカノウネMKI(FSC笹川作)
38(t)系のノウハウを生かし、43'12月より20数両生産された駆逐戦車である。7.5cmPAK(スイス製)を搭載し、独軍も考えていた片側5輪の全面装甲の車両である。塗装はトゥーンT/M(スイス)と同じ迷彩とした。MKⅡは鋳造車体となり戦後も生産使用されている。

(3) スウェーデン軍

　スフェーデンは一応中立を保っていたが、反ロシアではフィンランドと立場は同じであり(反独ではあったが)密かに、火器、車両をフィンランド軍やハンガリー軍に提供している。

StrVm/37軽戦車(フェアリーR-1/mtl+RKより)SC笹川
チェコCKD/プラガ・ユングナーナボルボ社により50両生産されたタンケッテ。スウェーデン初の国産戦車として、アーセナルT/M(スウェーデン)に唯一可動状態で展示されている。

LTvz40　TNH軽戦車(スウェーデン&スイス軍)　左側
(イタレリ38c(t)+SC 笹川作)
LTvz40はチェコCKDの輸出型であり、ジンズハイムオートテック博(独)に現存する実車を取材してSCしている。主砲はボフォース4cm砲を搭載。

Strv42突撃砲(アーミイキャスト/RK)

同じく中立国のスウェーデンもスイスと同じ38(t)戦車をライセンス生産していた。38(t)車台に75mm砲を搭載した突撃砲である。

(4) ハンガリー軍

トルディI軽戦車(フェアリー/RK土居雅博氏作)
外形は良いのだが、キャタピラは使い物にならず、モデルカステンの履帯を使用し、細部をかなり自作している。

チャバ装甲車＆41Mトゥーラン中戦車(いずれもボトンドモデル/RK＋EP)
以上の3車はハンガリー軍機甲部隊の中核をなした主力であった。ボトンドのキットはかなり作りにくく、ベテラン向き難キット。

V4駆逐戦車(FSC笹川作) 上、右
車輪でも履帯でも走れる、独自の国産駆逐戦車であり、4cmボフォース対戦車砲と8mm重機2×2搭載という重武装を誇る。戦前より終戦近くまで、だらだらと4年間で100両近くが生産されたという。

トルディIIa軽戦車（バラトンモデル/RK）
スウェーデンのランツベルグL60Bを国産化したトルディであったが、主砲の20mm対戦車ライフルでは、威力不足で40mm砲に換装している。

ズリニィII突撃砲（ブロンコ/inj）
トゥーラン中戦車々台に10.5cm砲を搭載。ここまでがハンガリー軍初期の車両。キットはインテリアまで入っているのだが、入りきれず、砲基部をカットし無理やり入れている。

トルディIII軽戦車（ホビーボス/inj）
トルディIIの装甲を強化し、砲塔を大型化したのがトルディIIIである。キットはトルディIIaと同じ位置にあるはずのアンテナポストが省略されている。

ズリニィI駆逐戦車（ブロンコ/inj）
ズリニィII（何故かII型がずっと以前に生産されている）に7.5cm対戦車砲を搭載した車両。内部はIIで懲りたので、外形のみ完成で良しとしている。

43MトゥーランIII重戦車（CZモデル/RK）

チェコのスコダT-22を基に開発された トゥーランであったが、主砲を40mmから75mmに強化し、装甲を厚くし、その上外側装甲板を装備、重戦車と称している。外側板など「WWIIAFVplans」（GeorgeBadfonol）StackPole Book刊の図面に合わせて作り直している。

40Mニムロッド自走対空砲（ホビーボス/inj）上、左
スウェーデンのLKV40を基に、砲塔を大型化し車体を延長している。主砲のボフォース40mm機関砲は軽戦車を撃破する威力があったため、フィンランド軍でも多数使用され、多くがフィンランドに現存している。

対戦車自走砲ハンガリアンマーダー（FSC笹川作）
独軍マーダーII同様トルディーII（ホビーボス）車台に、マーダーの7.5cmPakを合体させ、垂直に近い外側板を貼り出し完成。マーダーIIより一廻り小柄な自走砲である。終戦までに10数両完成したらしい。

試作重戦車"タム"（FSC笹川作）右、下
タムの図面はハンガリー軍誌「A MagyarKiralyiHonvedsegFegyverzetc」に有る。独軍V号パンターを参考に1両のみ試作された。製作にはT社パンターとセンチュリオンを利用、車体、砲塔をSCしている。

6、独軍対空車両

　ドイツ軍が制空権を持ち電撃作戦が順調に進んでいた大戦初期頃には、航空攻撃の心配もなく対空車両は余り考慮されなかった。初期の対空車両としては、I号A型対空戦車、1tハーフトラック20mm対空自走砲とKfz.4対空2連装機銃が使用された(第2章(1)〜(4)項を参照)のみであった。

　1943年夏のクルスク戦で、戦車のみならず航空機にも甚大な損害を受け制空権を失ったドイツ軍にとって、戦車の天敵は東西両戦線とも敵の地上攻撃機であった。航空攻撃への対抗手段として、戦車部隊に随伴する対空戦車、対空自走砲が開発されたのは当然である。1944年1月には、38(t)戦車戦台に20mmFlak38を搭載した38(t)対空自走砲が作られた。しかし、益々猛威を降るう連合軍空軍の地上攻撃から戦車を守るために、ドイツ軍はさらに強力な対空戦車を必要とした。その結果、IV号戦車車台を改造した対空戦車が続々と開発されることになる。その一番手は37mmFlak43機関砲を搭載したメーベルヴァーゲンで、240両が生産された。メーベルヴァーゲンはオープントップのプラットフォーム式で防御力は全く無かったため、砲塔内に火器を収容するタイプの対空戦車が開発された。20mmFlak4連装を搭載したものをヴィルベルヴィント、37mmFLAKを搭載したものをオストヴィントと呼び、各々87両と44両が作られた。さらに防禦力に優れた球形砲塔を持ち、攻撃力も30mm対空砲2門に強化したクーゲルブリッツも2両試作されたが、量産される以前に終戦になってしまった。しかし、ただでさえ少ない主力戦車から対空戦車を改造して作らねばならないのは常に戦車不足に悩まされていたドイツ軍にとって大きな痛手であった。

IV号対空戦車
3.7cmFLAKメーベル・ワーゲン(CMK/inj)後列右側
T社旧メーベル・ワーゲン(20mmFLAK4連装搭載型)の車体にCMK社3.7cmFLAKを搭載。
防禦板を閉じ、走行状態とした。キットの出来はまあまあという処。
クーゲル・ブリッツ(ドラゴン/inj)後列左側
砲塔側窓の開閉が選べるキットで、実車同様、砲塔の回転が出来る。
オストヴィント(イタレリ/inj)前列右側
3.7cmFLAK右側ネットまで再現したのはさすがで、砲はT社よりすぐれている良作。
3cmFLAK×4 シェルシュテーラー45 前列左側
(T社ヴィルベルヴィント+ニュー・コネクション/RK,Con)
単純に3cmFLAK×4を載せるだけではなく、ヴィルベルヴィント内部改装部品まで入っているキット。
砲身はとても使いものにならないが、メタル製砲身のリリースが予定されている。

3cmFLAK×4 砲塔内部

IV号対空戦車試作型
(タミヤ・ヴィルベルビント+ニューコネクション/RK.Con)
SS第12機甲師団で現地で改造されたたのが最初のIV号AA戦車といわれる。対空戦車で量産された型式については旧著ですべて紹介しているので省略する

対空自走砲

8.8cmFLAK37搭載18トン・ハーフ・トラック自走砲
(タミヤ18トン+8.8cmFLAK37+SC笹川作)
「モデル・アート」誌93'3月増刊号ドイツ自走砲特集に図面が有り、18tハーフトラックと88mmFLAKを使えば簡単に作れる。

2.0cmFLAK38×4搭載ベンツ4500自走砲
(ヴィーナー/RK)
3.7cmFLAK37搭載ベンツ4500自走砲(装甲キャブ付)
(イーグル/RK+T社3.7cmFLAKザウリア+SC)
イーグル社ベンツは荷台、車体下部、足廻り以外は使いものにならず、装甲キャブ付にSC。実車同様T社II号のキャタピラと3.7cmFLAKザウリアの砲を使用。ヴィーナー社のキットも同様に砲と装甲キャブはT社2cmFLAK×4 8tハーフを使用せねば完成しない。3.7cmFLAK型も同社から出ているが、こちらは更にひどいキット。

217

ビュッシングL900,8.8cmFLAK18搭載自走砲　左、下
(AFVクラブ/inj砲＋ブッシング・トラックFSC笹川)
ヴュッシングのタイヤはJAMES会員北井岳則氏に作ってもらったがあとはFSC。

SWS3.7cm FLAK37自走砲(イタレリ/inj)
SWS 2cmFLAK×8(イタレリSWS＋ニューコネクション砲/RK＋Mtl・Con)
2cmFLAK 8連装キット(メタル製)と資料(ナッツ＆ボルト誌)は柴田和久氏からの提供。

Sd.kfz.10/5　ltハーフトラック2cmFLAK38対空自走砲装甲キャブ型(エッシー1tハーフトラック+タミヤ砲/inj+SC 笹川)
Sd.kfz.251/21MG151×3後期型(AFVクラブ/inj)左側　**38(t)2cmFLAK38対空戦車**(トライスター/inj)右側

Sd.kfz.7.5cmFLAK41対空自走砲(トランペッターSd.kfz.7/1+シャットンモデルバウ/Rk・Con)
5cmFLAK41自体が150門位の生産だっただけに数両の試作のみに終わったが、砲自体は威力有るすぐれた砲であった。
キットは細部もトランペッターキットを使用する。

Sd.kfz.6/2 3.7cmFLAK37搭載5tハーフ、トラック(ブロンコ/inj)　キットは予備砲身と工具箱まで付いている良作キット。

219

7・最後の試作戦車

　無敵超重戦車は昔から戦車開発者の夢であり、今でも憧れる戦車ファンが大勢居る。最初に形になった無敵超重戦車はまさに陸上戦艦ともいうべき多砲塔戦車であった。多砲塔戦車の元祖はフランス軍シャール2C重戦車で、これに刺激を受けてソ連軍T-35、SMK、T-100重戦車(前述)が開発され、日本でも試製100t重戦車が研究されたが、結局どれも技術的問題で成功しなかった。

　大戦中の各国軍隊の要求はますますエスカレートして戦車は大型化し、重量を増やして行く。大戦の末期にヒトラーの妄想とポルシェ博士の夢が融合した結果が超重戦車マウスであった。虎、豹のあとにネズミはおかしなものだが、これは二人への皮肉であろうか。マウスは、装甲厚は車体前面200mm、側後面180mm、砲塔部も前面と防盾215mm、側後面200mmという信じられないほどの重装甲で、重量はなんと188t。武装は128mm/55口径砲、副砲として75mm/36.5口径砲、機銃1挺を備え、最高速度は20km/hであった。わずか2両のみ作られ、(1両は車体のみ)実戦に参加することなく、ソ連軍に捕獲されるのを防ぐため、クンマースドルフ試験場で爆破された。現在では底が抜け備砲以外は何もない抜け殻となってしまった怪物は、その残骸をモスクワ近郊のクビンカ戦車博物館の隅の壁に巨体を押し付けている。

　ドイツ兵器局は戦争の長期化に備えて、規格化、簡易化したEシリーズという一連の戦車の開発を打ち出した。Eシリーズはエンジンを後部に置き、サスペンションを全て車外に置いて戦闘室を広くし、大口径砲を積んで防御力を向上させようという計画だった。ヘッツァーを進化させたE10軽駆逐戦車、Ⅳ号駆逐戦車を進化させたE25中駆逐戦車、パンターを進化させたE50中戦車、ティーガーⅡ型を進化させたE75重戦車、そして超重戦車E100であった。実際にはE100の車体だけが完成し、他は設計の段階で中止された。E100超重戦車は、推定重量140t、150mmか174mm砲を主砲とし、副砲に75mm砲、最大装甲厚240mmとなるはずであったが、これこそ夢のまた夢で終った。

E100超重戦車(アキュリットアーマー/RK)
ベンツG4(マルイ/inj)　　**ベンツ軍用消防車**(VF)
筆者がE100を作り、土居氏がディオラマベースを製作、同時にディオラマ製作法を御教示頂いた。おかげでモデルグラフィックス誌に発表することができることになった、最初の記念すべき作品であった。

E10 & E25駆逐戦車(トランペッター/inj)
両車ともに新撰組「光と影」デカールを使用してみた。ディーゼルエンジンを積んだヘッツァー38D（後述）が開発されたことにより、この種の車両は生産されなかった。

E100ツイン8.8cm重対空戦車
(ドラゴンE100/inj車体＋チエサピーク砲塔/RK Con)
マウスII試作重戦車
(ドラゴン　マウス/inj＋FSC砲塔　笹川作)
マウスIIは「パンツアー・トラクツ」20-1,27Pに図面があるように、主砲と副砲が垂直に並んでいる。車体はD社マウスそのまま、砲塔は自作している。主な改良点は防楯にある。防楯のボリュームを出すため、歯科用即時重合レジン(入れ歯の修理用プラスチック)で、作っている。

E100超重戦車　中央
E75重戦車　後列右側
E50中戦車(いずれもトランペッター/inj)

E100超重戦車
以上がEシリーズ（ほとんど未完成）であり、ペーパープランで終わった。

レーヴェ重戦車(FSC 後藤恒徳氏作) 上、右
1945年にクルップ社で計画された重量110t、15cm砲を装備する車両案。車体、砲、履帯とすべて手作りである。塗装も末期独軍の雰囲気が出て決まっている。

ルッチャー軽駆逐戦車(ニューコネクション/RK)
大戦末期の1945年にBMWにて開発されていた。ルッチャーとは子供用のスキー(又はソリ)の意味。発想は後の自衛隊で使用された60式無反動砲車に通じるものがある。主砲は8cm対戦車ロケット砲で、低圧グレネードランチャーといったようなもの。

レオパルド軽戦車 (ホビーボス/inj)
V号パンター部品を使い、重装甲車プーマの5cm砲塔を載せて何両か試作された軽戦車。

ヘッツアー38D型(7.5cm/L70搭載) (FSC 笹川作)
図面はモーターブーフ社刊「軽駆逐戦車」P.73にあるので、これを基に製作した。D社ヘッツアー後期型インジェクション・キットを利用、車幅はほぼ変わらないが、車体長と車体上部が変更点である。車体は中央から切断、8mm延長、車体上部はヘッツアーシュタールと同様とした。側面図が一致することから上部も間違いないと思う。主砲は7.5cm70口径を搭載する予定であったというから、グンゼIV駆/70(V)の砲を転用。車体上部のSCだけで簡単に完成する。

IV号駆逐戦車クルップ型(8.8cm/L71搭載)
(グンゼIV駆+FCM/RK.Con)
砲身を失ったグンゼIV号駆逐戦車は、次にファイン・キャスト・モデル社IV駆クルップ型コンバージョンキットに転用した。車体下部のみ使用、削合して戦闘室をのせるだけのキットである。図面は前述の「軽駆逐戦車」P.169に有るが、平賀氏のイラストも捨てがたい。キット通りではどうもおかしいが、そのまま素直に作り、ドライバー席廻りのみは、ヘッツアーと同様とした。

ネオ・ヤークトパンター 上、右
(12.8cm/L55搭載)(タミヤ+FCM/RK.Com)
図面も資料も無いそれこそ平賀氏のイラストのみの架空オリジナル車両であるが、ファイン・キャスト・モデル社からコンバージョン・キットが出ているので、タミヤ社ヤークトパンターと合体させた。砲身基部はドラゴン社ヤクートティーガーを使用。
(注)「ランド・シップスMK-9」誌"独軍駆逐戦車特集"に平賀氏が解説し、イラスト画を描いた中に、創作意欲をそそられるものが有った。それがネオ・ナチ・ヤクートパンター達である。そこですべて作ってみる事にした。(実車解説は同誌MK-9の内容を参照して欲しい。)

ネオ・ヤークトティーガー(12.8cm/L66搭載)
(FSC笹川作)
MK-9平賀氏原案の架空車両ネオ・ヤークトティーガーをイラスト画そのままに作ってみた。砲身はドラゴン社E-100超重戦車の砲身を使用、車体はドラゴン社ヤクトティーガーをそのまま組み立て、後部上面のみの小スクラッチである。戦闘室のレンジ・ファインダーの張り出しはタミヤM48パットンより流用し、戦闘室は後方側面を延長した。

重突撃砲"ベアー"(FSC笹川作)
ペーパープランのみの架空車両で車体はT社ティーガーⅡ2両を使用し戦闘室は自作。30.5cmL/16砲は鼻炎用鼻スプレーを切断使用した。砲は固定砲であり、左右動しない。図面は「パンツァートラクツ」を使用した。

超重駆逐戦車"サラマンダー"(トランペッター/inj)
E100の自走砲版でトラペ社の全く架空の産物キットであり、資料も無い。

17cmグリレII(トランペッター/inj)上、右
(図面は「パンツァートラクツNo.20-1」
P31〜33を参照)
実車は1両のみ試作されている。

ヴァッヘントレーガー(武器運搬車)
8.8cmPAK43対戦車自走砲アルデルト(アラン/inj)右側、**10.5cmleFH18自走榴弾砲クルツプ/アルデルト型**(トランペッター/inj)左側。
両車共数両ずつ作られ、ベルリン戦に参戦している。8.8cm砲型はベルリン近郊で2両がロシア軍に捕獲され、クビンカT/M(モスクワ)に収蔵されている。

ヴァッヘントレーガー
8.8cmPAK43対戦車自走砲アルデルト/クルップ型右側
&クルップ/シュタイア型 左側
（両方ともニューコネクション/RK）
両車共に各1両試作されたにすぎない。

ヴァッヘントレーガー
8.8cmPAK43アルデルト/ラインメタル型（D社サイバー/inj）
後部まで装甲を巡らせたタイプも1両のみ試作されたが、量産されていない。

ヴァッヘントレーカー・クルップ1型
12.8cmPAK44自走対戦車砲（トランペッター/inj）
クルップ社で計画された自走砲であり、キット箱絵にはベルリン市街戦が描かれているが、ペーパープランに終わった。

ボーグヴァルト対戦車ロケット砲車(ADV/RK＋EP)　左側
I号B型7.5cm対戦車自走車(D社サイバー/inj)右側
両車共にベルリン市街戦に数両が実戦に参加している。

　もしもE100超重戦車が完成していたら、ヒトラー総統は220ページのディオラマのように喜々として閲見に臨んだかも知れない。ベルリン戦の最後までヒトラーが降伏せずにねばったのは、米ソの対決が始まると予見し、そこに活路を見い出すことに賭けていたと言われる。もしそうなっていたら、AFVファンの夢、E100はソ連戦車を次々と粉砕したかもしれない。しかし実際にはE100は資材不足で車体のみしか完成せず、ソ連軍のベルリン突入を許し、ヒトラーは自殺しドイツ第三帝国は壊滅したのである。

　ドイツ軍戦車の末期は惨憺たるものであった。乗員の練度が初期の電撃戦の頃のように優れていたら、十分な燃料、弾薬の補給があったら、さらに制空権を失なっていなかったら、きっともっと充分な活躍をしていたに違いない。そんなロマンと悲劇性を秘めるが故にドイツ戦車ファンは多いのである。

　実際、対戦車戦闘ではドイツ軍戦車隊は驚異的なねばり強さと無類の強さを発揮した。ドイツが生産した戦車は自走砲を含めて約49,200、兵員輸送車(22,000)と装甲車(約4,000)を含むAFVの合計は約75,000両。この内、東部戦線に注ぎ込まれたAFVは約5万両以上。降伏時のドイツ軍AFV総数は13,362両(戦車、自走砲、装甲車含む)であり、東部戦線に残存していたAFVは4.881両であった。対ソ連のAFVの損害は約45.000両(戦死者推定3百万人)である。

　一方、ソ連軍は、1940年までに作られたAFV総数17,000、1941〜1945年の大戦中に作られた戦車約11万両、さらにレンドリース英米から供与されたAFV約2万両等あわせて約147,000両が対独戦に投入された。終戦時に残存したソ連軍AFVはわずか16,200両であった。なんと約131,000両(戦死者推定2千万人)もドイツ軍に撃破されているのである。いかに東部戦線の激闘がすさまじく、悲惨であったことか。

　ソ連軍の損害はドイツ軍に比して3倍、戦車だけについて言えば約5倍に近かった。もちろんそれが全て対戦車戦のみではないにしろ、大半は戦車によるものであった。ドイツ軍戦車隊の強さはここでも証明されたのである。また、戦車の発達史は火力と装甲防御力のシーソーゲームの歴史である。ドイツ軍戦車史を追及することによって、第二次大戦中の戦車の歴史がわかると言っても過言ではない。さらに、ティーガー、パンターなどのドイツ軍戦車によって作られた数多くのエピソード、伝説が現在の戦車ファンを酔わせるのである。このためAFVキットの3分の2以上がドイツ軍戦車キットである。本書で紹介した大戦中の戦車模型がドイツ軍中心になってしまった理由もここにある。

第9章　　戦後の戦車
1.戦後の新戦車開発史概論

　第二次世界大戦当初には無敵を誇っていたドイツ軍戦車部隊は連合軍の物量の前に壊滅して、ナチス・ドイツは降伏した。戦車は地上戦で最も重要な兵器だったが、戦後は戦車無用論まで飛び出した。歩兵の携行用ロケットランチャーや対戦車地雷等、戦車を攻撃し破壊する兵器が充実し、これらの兵器で戦車を充分制圧できると考えられたのである。しかしヒトラーの予言通り、戦後東西両陣営は対立し冷戦が始まってしまった。

　1950年6月25日、ソ連、中国に後押しされた北朝鮮軍が、T-34/85・150両からなる戦車1個旅団と1個連隊、8個歩兵師団の兵力で突如38度線を突破し韓国に侵入した。朝鮮戦争の始まりである。韓国に駐留していたアメリカ軍はM24軽戦車中隊と105mm榴弾砲中隊をもって烏山高地に陣地を築いたがT-34/85に蹂躙され、アメリカ軍歩兵は60mmロケットランチャーで応戦したものの15mの至近距離でもT-34/85はビクともしなかった。結局、T-34/85の進撃をくい止めたのは、地上攻撃機の127mmロケットとナパーム弾、それに急いで本国から取り寄せた80mm対戦車ロケットであった。8月にはM4A3シャーマン中戦車が投入されるが、76mm砲では歯が立たず、T-34/85の85mm砲に撃破されてしまった。T-34/85との戦車戦を制したのは、皮肉にも対独戦でティーガーに対抗して作られたが間に合わなかったM26パーシングとセンチュリオンMk.III戦車であった。M26は重量42t、90mm砲、装甲厚102mm、最高速度32km/h、攻守ともにT-34/85より優れていた。さらにセンチュリオンは朝鮮半島で最強の戦車だった。センチュリオンMk.IIIは重量57t、装甲厚200mm、83mm/70口径砲、最高速度35km/hであり、T-34の85mm砲ではその装甲を貫通できなかった。

　戦車に対抗するのはやはり戦車であり、東西両陣営の戦車開発のシーソーゲームは続いていく。アメリカ軍は朝鮮戦争後半にはM26を改良したM46パットン中戦車を投入した。改良型のM47を経て、1950年代にはM48パットンが生産された。M48は重量47t、90mm砲、最高速度48km/hである。大戦中ならば重戦車の区分に入るほど大型の戦車だが、不整地走行性能も良く、ステレオ式照準装置を備えて命中精度も向上している。戦後15年位までの間に作られた90mm砲を備えた戦車を西側では第一世代と分類している。日本の自衛隊初のMBT、61式中戦車(90mm砲装備)もこの第一世代に入る。またこの世代にはまだ軽戦車も作られ、76mm砲装備のM41ウォーカー・ブルドッグ、フランス軍のAMX13(75mm砲)が登場している。

　東側(ソ連)の戦後第一世代戦車は、T-34の後継車T-44を早々とあきらめ、1949年からT-54の生産を始めた。T-54は重量37t、武装は100mm/54口径砲を装備し、最高速度48km/hである。西側の主砲90mmより強力な100mm砲に砲安定装置を備え、走行射撃も可能であった。また、水陸両用軽戦車PT-76(76mm砲装備)が作られ、T-54の改良型T-55とともに共産主義諸国の主力戦車として多数が配置され続けた。T-54、T-55は車高が低く避弾径始に優れた車体に強力な主砲を搭載して、その膨大な配備数と相まって西側諸国の脅威となった。

　1960~70年に作られた西側MBTは、T-54、T-55の100mm砲に対抗して105mmライフル砲を主砲として装備したが、これらのMBTは第二世代と分類されている。第二世代のアメリカ軍戦車はガソリンエンジンからディーゼルエンジンに変換したM60戦車、イギリス軍はセンチュリオンMk.X、西ドイツ連邦軍のレオパルト、フランス軍のAMX30、スイス軍のPz.61、スウェーデン軍のStrv103(Sタンク)などはすべて主砲に105mm砲を装備している。イギリス軍は1963年には120mm砲を搭載したチーフテン戦車を開発、第三世代の戦車を先取りしている。軽戦車としてはアメリカのM551シェリダン、イギリスのスコーピオン、自走砲では

228

アメリカのM109(155mm砲)、M107(175mm砲)、イギリスのアボット(105mm砲)が登場している。

第二世代の東側(ソ連)戦車は、T-62とT-64であり、その主砲は各々115mmと125mm滑腔砲を装備し、西側の105mm砲に対抗している。その上、防御力は向上し、最高速度も70km/hに達している。

1970～80年代の戦車は(第二世代と第三世代の間)中間世代と分類されている。中間世代のアメリカ軍MBTはM60A1であり、M60の砲塔を改良して防御力を増やし、エンジンも改良して最高速度を51km/hと速めている。日本の自衛隊では1974年に105mm砲を装備した74式戦車を開発し、やっと世界の主力戦車の性能に追いついた。西ドイツ軍レオパルト1A4、フランス軍AMX30B2イスラエル軍のメルカバMk.1などが105mm砲を装備して防御力と走行性能を向上させた中間世代の戦車である。この世代から軽戦車は作られなくなり、装甲兵員輸送車の火力を向上させた歩兵戦闘車(IFV)が軽戦車の役割を代用するようになる。IFVとしてはアメリカ軍M2ブラッドレーIFV、西ドイツ軍マーダーIFVが出現している。

ソ連ではT-72が開発された。T-72は、改良された125mm滑腔砲を装備し、重量41tながら、最高速度は80km/hに達する優秀な戦車である。ソ連軍のIFVはBMP1/2、自走砲ではSO-152(152mm砲)が登場している。このように、戦後の戦車発達史は、ソ連軍戦車の性能が常に西側戦車を一歩リードし、対抗上アメリカをはじめとする西側陣営がそれらソ連戦車を上回る性能の戦車を開発するという追いかけっこであった。ようやく西側がソ連戦車の性能を上回ったのは、ソ連経済が行き詰まりを見せてきた1980年以降、第三世代に入ってからである。

第三世代のMBTは120mm砲を準備し、砲の命中精度を上げるためレーザー測遠機、弾道計算機、スタビライザーおよび暗視装置を搭載した。また、新開発の複合装甲を採用してその外形も直線で構成されたものになっているのが特徴である。21世紀を迎える現在のMBTは、アメリカ軍のM1A2エイブラムス、イギリス軍のチャレンジャー2、ドイツ軍のレオパルト2A6、フランス軍のルクレール、イスラエル軍のメルカバMk.3/4、日本の90式戦車そしてロシア軍のT-80戦車である。いずれもこれらは第三世代の戦車に該当する。

以下、第二次大戦後の戦車について国別に紹介しているが、模型では現用車両のキットは少なく、AFVキット総数の2割程度にしかならない。

1.アメリカ軍車両

現代の米軍主力戦車(MBT)は砲の生産、装甲の治金、射撃統制装置および通信機器などの電子工業、エンジンの自動車工業という近代工業の集結であり、総合的な工業力と経済力の所産である。現在MBTを開発生産できる国はアメリカとロシアを筆頭に、他にはイギリス、ドイツ、フランス、スウェーデン、イスラエルおよび日本と、最近になって加わった中国を含めても9ヶ国しかない。独自の戦車を装備していてもイタリア、韓国等はライセンス生産したり、コピー生産したりしている。

現在、ミリタリーバランスによると世界の戦車保有総数は約14万両である(自走砲とAPCを除く、戦車のみ)。生産国別にロシア製戦車が約7万両と群を抜き、アメリカ製戦車は約2万両、第3位は中国製約1万両、第4位ドイツ、第5位フランス、第6位イギリスで約5～6千両とあまり変わらず、第7位イスラエル製約3千両の順である。戦後の東西両陣営の冷戦は実質的にアメリカ対ソ連の対決であり、戦車の開発競争もそうであった。また両国の自陣営に多くのAFVを提供し続けた。

戦車のプラモデルを作る趣味が定着している西側諸国では自国陸軍が所有する実車を見る機会があり、自国のAFVの模型を楽しむのはAFVプラモデルファンの当然の要望である。アメリカより提供されたAFVは、ほとんどの西側ヨーロッパの国々、イスラエル、フィリピン、台湾、日本等に於いて現在でも使用されているため、アメリカ軍車両は人気が高い。メーカーも大戦中のドイツ軍車両に次いで、売れるのは現用アメリカ軍車両である事を承知している。現用プラスチックモデルキットで一番多いのはアメリカ軍AFVキットであり、現用車両アイテム総数の約3分1を占めている。

229

(1)朝鮮戦争に使用された米軍AFV

M26A1　パーシング戦車　　（ドラゴン/inj）右側
M26の車体前面が強化された改良型。キットはT社製と異なり、足廻りは可動でないが、非常に作り易い。
M46パットン戦車　　　　　（ドラゴン/inj）
朝鮮戦争中、最も活躍した戦車。Squadron社「Armor in korea」の表紙にもなったタイガー・フェイス塗装とした。

M43　203mm自走砲（AFVクラブ/inj＋SC笹川作）
同社キットを使用（M40と8インチ砲）すれば簡単と思われたが、砲が大きすぎ、縮小し走行状態しか作れなかった。

M36B2駆逐戦車　右側　　　　（アカデミー/inj）
砲塔上面に装甲カバーが付いたM36改良型。キットのインテリア、キャタピラは悪い。塗装はSquadron社「Armor in korea」通りの53戦隊(52'8)に。
M24チャーフィ軽戦車前期型　（イタレリ/inj）左側
以前に発売されたM24後期型のキャタピラと車体前面ドライバー・カバーを変えただけのキット。塗装は同じ同誌第25歩兵師団79戦車隊の怪獣(51'3)フェイスに。
M40　155mm自走砲　　　（AFVクラブ/inj）後列

T-31デモリション・タンク（ドラゴンM4A3E8＋砲塔FSC笹川作）
7.2インチ・ロケット・ランチャー2基を砲塔に装備したロケット砲戦車。1両のみしか試作されなかったが、余りに巨大な砲塔が面白く、FSCしてみた。

LVT-3C水陸両用APC　　　　（FSC　笹川作）
韓国戦争記念館に展示されている実車を撮影して、足廻りをLVT-4を使用してFSC。塗装は同記念館通りの塗装としている。

M103A2重戦車ファイティング・モンスター(FSC　笹川作)上、右
　米軍最後の重戦車であり、東西冷戦の防禦の要として、西独駐留米軍基地に配備され、ロシアの重戦車群に対峙した。重量58t、主砲120mm×1、機銃2挺、最大装甲厚178mmを誇る超重戦車であった。製作にはタミヤ社M48、2両を使用した。砲塔形状は恐竜T-レックスに似て、まさにモンスターを彷彿とさせる。D社ブラックラベルのキットは砲塔が後部デッキと干渉し入らないので紹介不能であった。

(2)ベトナム戦争

　1965年、インドシナ紛争にアメリカ軍が本格的に介入した。以後、アメリカ軍と北ベトナム、南ベトナム民族解放戦線(NLF)との10年間にわたる激闘がくり広げられることになる。アメリカ軍の第一陣は海兵隊3,800名であったが、後には最大54万名にまでふくれ上がる。しかし、この戦争は従来の戦争とはまるで異なるものであった。戦闘はゲリラ戦を主とするNLFと、ヘリボーン作戦を主とするアメリカ軍の空中機動部隊とが突如としてぶつかり合うのが常であった。戦線という概念はほとんど意味をなさず、点と点での戦闘という状態を呈した。このためこの戦争では戦車同志の対決はほとんど行なわれず、アメリカ軍戦車が駆けつける頃にはNLFは撤退していることが多かった。戦車はもっぱら輸送部隊の護衛や移動砲台として使われたのである。ベトナム戦争で活躍したAFVは自走砲と、何にも増してM113装甲兵員輸送車であった。

　ベトナム戦争でアメリカ軍の使用したAFVをここに示している。活躍したベトナム戦参加車両は、アメリカ軍ではM50オントス自走砲、M55自走砲、オーストラリア軍のセンチュリオンMk.5/1、北ベトナム軍のT-34/85、T-54、BTR-50APCである。ベトナム戦で最強の戦車は、M48パットン戦車である。M48は西側諸国にも多く供与され、改良各型式あわせて8,800両も生産された。ベトナム戦で最も多く使用された戦車は、南ベトナム軍のM41とM24軽戦車であろうか。アメリカ軍が撤退後にベトナムに残したAFVは、M48・250両、M41・300両、M113APC・1,200両、軍用車両42,000台であり、これらは統一ベトナム軍に編入されている。これらの米製AFVは後の中越戦争のベトナム軍主力として中国軍に壊滅的打撃を与えている。

(この項での数値は「ベトナム戦争」三野正洋氏著/サンデーアート刊より引用させて頂いた)

ベトナム戦争初期の戦車・自走砲(左から)
M4A3 105mm砲・ドーザー付き(アカデミー/inj)
M41ウォーカーブルドッグ軽戦車(スカイボウ/inj)(西独軍仕様)
M47ジェネラルパットンⅡ戦車(イタレリ/inj)(西独軍仕様)
M50A1オントス自走砲(アカデミー/inj)
M274ミュール106mm自走砲(ドラゴン/inj)

ベトナム戦争後期の車両
M48A5パットン戦車(タミヤ/inj+バーリンデン/RK・Con)、**M110A2・203mm自走砲**(イタレリ/inj+バーリンデン/Rk・Con)、**M578戦車回収車**(イタレリ/inj+バーリンデン/RK+Ep・Con)左側

Vシリーズ装甲車とMV
前列左から:**ウィリスM38A1Cジープ**(オードナンス/RK)
V100/M706コマンドウ装甲車(ボビーボス/inj)
後列左から:**V150装甲車20mm砲塔型**(MMM/RK+Ep)、
V150装甲車90mm砲搭載型(バーリンデン/RK+Ep)

ベトナム戦時の車両
M35A1(Quad50)ガントラック AA (AFVクラブ/inj)
M35A1トラックに4連装対空砲を搭載、キットは運転席周辺のサンドバッグと荷台上イスが省かれているので自作。マーキングはSquadron社「Armor in Vietnam」にも掲載されている。
LVT5A1 (AFVクラブ/inj)
LVT-3Cの教訓により前面装甲を施したLVT。キットはインテリアが一切無いので、ハッチをオープンに出来ないのが惜しまれる。

M88A2戦車回収車(AFVクラブ/inj)右側前列
M35A2ガントラック(AFVクラブ/inj+キリン/RK・Con)
M107 155mm自走砲マッドドッグ(イタレリ/inj)後列

センチュリオンMK5/1戦車オーストラリア軍仕様(AFVクラブ/inj)
オーストラリアもベトナムに派兵した。オーストラリア独自の改良を加えている。車体前面の増加装甲を兼ねたのホイールはオーストラリア軍センチュリオンの独特なアクセサリー。

M113シリーズ

　M113装甲兵員輸送車(APC)は1964年に生産が開始された。空輸、空中投下が可能で、水陸両用性を持ち、戦闘重量11.2t、空中投下時重量は8.8t、38~12mmのアルミ合金製装甲、13名の乗員を載せ、最高時速67.6km/h、航続距離483km/hである。頑丈で信頼性が高く、多くのバリエーションも作られた。安価なこともありベストセラーとなり、20年間で73,471両が生産され、西側諸国にも大量に供与された。折りから、アメリカ軍がベトナム戦に本格的に介入した時期と重なり、M113はアメリカ軍のワークホースとして多用された。四角形アルミ板全溶接式の簡単な構造であるため、数々の武器を搭載してAIFV(装甲歩兵戦闘車)としても使用された。

　M113は故障も少なく、整備も簡単な扱いやすい車両で、以前のM3ハーフトラックよりはずっと強力な防御力を持っている。水上も速度5.8km/hで走行でき、沼地の多いベトナムには最適の車両であった。以下に、多くのバリエーションの中からキット化されたものを紹介しているが、残りはドイツ、イスラエルの項でも紹介している。

M113ACAV (タミヤ/inj・土居雅博氏作ディオラマ)

M548ガントラック(AFVクラブ/inj)
M548装軌輸送車にM35A1と同じ4連装機銃を搭載。キットも同じ機銃を使用している。

M163A1バルカン対空砲型(イタレリ/inj)　左より
M730A1チャパラル対空ミサイル型(AFVクラブ/inj)左より
M901TOW対戦車ミサイル型(タミヤ+バーリンデン/RK・Con)

オーストラリア軍ベトナム仕様
M113 ファイアサポート(タミヤ/inj)後列右側
M132火焔放射型ジッポ(タミヤ+バーリンデン/RK・Con)後列左側
M113A1前期型豪州軍(タミヤ+バーリンデン/RK・Con)前列左側
M113A1後期型豪州軍(AFVクラブ/inj)　前列右側

(3)ベトナム戦後のアメリカ軍車両

　現在、アメリカ軍で使用されている車両をここに示している。現在のアメリカ軍の主力戦車はM60A3及びM1A1、M1A2エイブラムスである。M60A3はM48の流れをひき、重量50t、中間世代の分類に入る105mm砲を装備し、最高速度48km/hである。西側を代表する戦車として約1万両近く作られ、西側各国へ輸出されたベストセラー戦車である。1980年には第三世代のアメリカ軍MBT、M1エイブラムスが開発された。M1は重量69t、120mm砲を搭載、ガスタービンエンジンを備え、最高速度は68km/hである。M1の優秀性はその高い防御力にある。複合装甲を採用し、燃料および弾薬区画を独立させ、自動火災感知制圧システム、NBCシステムを持っている。ラインメタル製120mm滑腔砲は強力な劣化ウラン弾も発射可能で、命中精度を上げるために感熱式暗視装置、レーザー式測遠機、アナログ式弾道計算器などのデジタル電子管制装置が整っている。

　アメリカ軍の兵員輸送車としては、M1に随伴できるように同一の機動性を持ち歩兵の乗車戦闘も可能なM2ブラッドレー歩兵戦闘車、偵察用M3騎兵戦闘車(AIFV)が1982年から配備されている。M2、M3は乗員3名と歩兵6名を乗せ、25mm機関砲とTOW対戦車ミサイル2基を持ち、重量21.3t、浮航性も持っている。航続距離はM113と同じ(483km)だが、M2、M3は防御性、火力ともに優れ暫時M113と交代しつつある。現在のM113は進化してM113A2となり、ミサイルを搭載したM730、M901、バルカン砲搭載車M163等自走砲として使用されている。

　自走砲としては、1960年代に開発されたM107(175mm)自走砲およびM109(155mm)自走砲は、1980年代にはそれぞれM110A2とM109A2に進化した。M110A2は203mm砲、M109A2は射程を10km延ばした新型155mm砲(射程24km)を搭載している。またM270多弾ロケットシステム(MLRS)も1983年から配備されている。

　装輪装甲車はV-100、V-150シリーズからV-200を経て、現在ではスイス・モワク社のLAV-25シリーズが使われている。元はスイス製でも生産はGM社で、ここに見られる以外にも多くのバリエーションが存在する。LAV-25ピラーニャのプッシュ・マスター25mm機関砲は大威力で、最高速度100km/h、最大航続距離なんと668km、水上航行9.6km/hという高性能を誇っている。

M60A3戦車伊軍仕様(イタレリ/inj)
LVT7-A1水両陸用兵員輸送車(タミヤ/inj)

M1戦車(タミヤ/inj)前列右側
M2IFV歩兵戦闘車(タミヤ/inj)前列左側
M247ヨーク対空戦車(タミヤ/inj)後列右側
M109A2.155cm自走砲(イタレリ/inj)後列左側

現用米軍主力戦闘車両
M1A2　MBT　（ドラゴン/inj）
M109A6パラディン自走砲　（イタレリ/inj）
M1はタミヤ、トランペッター、エッシーそしてドラゴンとすべて出品されたが、やはりタミヤにはかなわない。
パラディンのカーゴは走行タイプと射撃時タイプが選べる。

M1パンサーIIマインクリーナー　（トランペッター/inj）
同じアイテムがドラゴン社/injで出ているが、両車を比較すると、トランペッターに軍配が挙がる。

ピラーニャ装甲車シリーズ
前列左から:**LAV-25ピラーニャ8×8**(エッシー/inj)、**モワク・ピラーニャ4×4**(バーリンデン/Rk)**LAV－R**(トランペッター/inj)
後列左から:**LAV-25ADV**(エッシー/inj)、**LAV-25TUA**(イタレリ/inj)、**LAV-25コマンド**(エッシー/inj)

M1126ストライカーICV(トランペッター/inj)&**M1132ストライカーESV地雷処理車**(トランペッター/inj)右側AFVクラブからも後発で販売されたが、どちらが良いとも甲乙つけ難い。本車が米軍最新鋭APCであり、LAV-25と交代し始めている。

M1128ストライカー105mmMGS(AFVクラブ/inj)

235

2.イギリス軍車両

　イギリスは1963年以来主力戦車としてチーフテンを装備してきた。チーフテンは、他国に先がけて120mm砲を搭載し、火力と装甲防御力に優れているが、重量55t、最高速度48km/hとやや鈍重である。そのぶん2軸式スタビライザー、レーザー測遠機を持ち、5mの潜水能力を持つなどして機動力を補なっている。1980年からは新型のチャレンジャー戦車が配備されている。チャレンジャーは重量62tで、現在世界最重量の戦車である。武装はチーフテンと変わらないが、複合装甲チョバムアーマーを備えて防御力はチーフテンより優れ、最高速度も56km/hと機動力も良くなっている。現在はさらに改良されたチャレンジャーII戦車の配備が始まっている。

　また、スコーピオン軽戦車シリーズを3,000両も配備していることはイギリス軍の特徴である。スコーピオンはアルミ合金製、重量わずか8t、空輸可能なうえに浮航性を持ち、最高速度80km/hと機動性に優れている。武装は、スコーピオンは76mm砲であったが、シミターでは30mmラーデン機関砲に換装されている。スコーピオンの派生型(Sシリーズ)として多くのバリエーションがある。第二次大戦後、しばらく偵察戦闘車はサラディン装甲車、サラセンAPC(両車の車台は同一)、フェレット軽装甲車が使われていたが、1970年代からは、Sシリーズ各車、FV432トロージャンAPC、フォックス軽装甲車に代わっている。装甲歩兵戦闘車としては、FV510ウォーリアAIFVが開発されている。自走砲は長らく105mm榴弾砲装備のアボットが使われたが1989年からは155mm榴弾砲を搭載したAS90自走砲に 変換された。

　現用イギリス軍車両のキットは数が少ないが、スコットランドのアキュリットアーマー社ががんばっていて、主力戦車のみならずトラックのような補助車両までキット化している。

コンカラー重戦車Mk.2
(アキュレット/RK+Mtl)
戦後の冷戦時代にロシア重戦車に対抗してイギリスが開発した重戦車。重量65t主砲120mm×1、装甲厚178mmとM103(前述)と遜色無い性能であった。後のチャレンジャーの原型を思わせる。

1960年代の英軍AFV
チーフテンMk.V(タミヤ/inj)後列左側
アボット105mm自走砲(ニチモ/inj+SC)
フェレットMk.II軽装甲車(MMM/Mtl)前列右側
(対戦車ミサイル型)**Mk.II/6** (ダートムーア/Mtl)
フォックス装甲車 (アキュレット/RK+Mtl)

サラディン装甲車CS(ダートムーア/Mtl)前列より
サラセン装甲車　(ダートムーア/Mtl)
ザクソンAPC(アキュレット/RK+Mtl)

FV432トロージャンAPC(アキュリット/RK)
FV434修理工作車(アキュリット/RK)
英軍最初の装軌式兵員輸送車でFV432は1963年より生産され、乗員2名、兵士10名が搭乗、最高時速60km/hであった。

戦闘工兵用装甲トラクター(CET)(アキュレット/RK+Mtl)
ランドローバーlt軽トラック(ダートムーア/RK+Mtl)

チャレンジャーMk.II(トランペッター/inj)
最新現用英軍MBT。キットはトランペッターとしては秀作。デカールも優れている。

チャレンジャーARRV工作車
(タミヤ、チャレンジャー+アキュレット/RK・Con)
アキュレット社製品は年々ひどくなっていて、作りにくい。完成写真に部品ナンバーをふるだけの組立説明図はもうやめて欲しい。

AS90自走砲　(クロムウェル/RK+Mtl)
アルビス・スチュアートMKII水陸両用トラック
(ダートムーア/RK+Mtl)
AS90は英軍最新鋭自走砲。キットはトランペッターからも発売されているが、キュタピラを除けばクロムウェルの方がずっと良い。アルビスは弾薬などを運搬する汎用水陸両用トラック。キットは細部をかなり自作せねばならない。

237

3.ドイツ連邦軍車両

　東西ドイツに分割されていた時代には、東ドイツ軍はソ連製軍用車両を用い、西ドイツ軍はアメリカ製軍用車両を使用していた。東ドイツ軍のMBTはT-55、PT-76、BMP-1であり、西ドイツ軍はM48とM41、M113等、アメリカより供与された戦車であった。しかし戦後20年を経て、経済的に復興した西ドイツは国産AFVの生産を開始した。1966年、新生西ドイツ戦車、レオパルト(レオパルト2の配備後にレオパルト1と呼称)が開発された。レオパルト1は第二世代に分類される戦車で、重量40t、105mm砲を装備、砲塔はM48と同じように半球形、最高速度65km/hである。レオパルト1は次々と改良して使用され続け、1974年には、最後の改良型としてスペースドアーマーを用いて砲塔形状を変更した1A4が生産された。レオパルト1は、旧ドイツ軍戦車の伝統を引き継いだ優秀な戦車で、4,500両が作られそのうち2,000両近くはヨーロッパ諸国へ輸出された。

　1979年には第三世代のMBTの先駆けとして、レオパルト2が開発された。重量は55t、砲塔に多層中空装甲を備え防御力を飛躍的に高め、主砲は西側で最初にラインメタル製120mm滑腔砲を採用。1,500馬力多燃式ディーゼルエンジンを搭載、最高速度72km/hは、西側戦車で最高の機動力を誇る。形状的にはそれまでの避弾径始を考えた丸味を帯びた形ではなく、複合装甲を取り入れた直線的な形状となっているが、この形状はその後に現れた第三世代戦車の外形的な特徴になっている。レオパルト2は現在も改良が続けられ、最新型のA6ではさらに長砲身(52口径)の主砲、砲塔前面に鋭角的な増加装甲を取り付けている。大戦中のドイツ戦車師団の思想を発達させて、西ドイツ軍は1971年にはマーダー1装甲歩兵戦闘車を開発配備した。マーダー1は重量28t、20mm機関砲と機銃2挺を持ち、最高速度75km/hと高速、防御性に優れたIFVである。乗員4名と歩兵6名を乗せる。1984年には改良されマーダー1A2として、ミラン対戦車ミサイルが追加装備され、現在では増加装甲を取り付けたマーダーIA3が配備されている。

　現在のドイツ軍では、偵察用にはルクス8輪重装甲車、兵員輸送車としてTPE1、フクス6輪兵輸送車が配備されている。ドイツ陸軍は他にも多くの車両を採用しているのだがキット化された車両はまだまだ少ない。

西独軍としてアメリカより供与されたAFV

M48A3GA2戦車(タミヤM48+ロー/inj.Con) 後列左側
M109G/A155mm自走砲(イタレリ/inj) 後列右側
M113AIG砲兵観測車
(タミヤM113+シュミット/RK・Con) 前列右側
M548G弾薬運搬車(AFVクラブ/inj) 前列左側

初期のドイツ連邦軍車両
レオパルドIA5(増加装甲付) (レベル/inj)後列
カノーネンヤークトパンツァー (エリーテ/RK)右側
ヤグアルIA3 (エリーテ/RK)
戦後のドイツ連邦軍創立時の旧車両である。
レオパルドの増加装甲タイプのIA5。90mm駆逐戦車とそれを改良した対戦車ミサイル車ヤグアルのキットである。いずれももっと良好なinjキットがレベル(独)より発表されている。

クルツSPz11-2装甲偵察車(アキュレット/RK)
初期の独軍が仏ホチキス社より購入した2cm砲を装備した
偵察軽戦車。

MBT/Pz70試作戦車(FSC　後藤恒徳氏作)　上、右
米独協同で開発し、両国の最新ノウハウを詰め込んで試作された
戦車。画期的戦車であったが、非常に高価になりすぎ中止された。
(詳細については「パンツアー誌」90´11月号参照)後に、レオパル
ト2、M1エイブラムスの開発の基になっている。製作に当って後藤
氏はすべてFRPの削り出しから、外形を作り出している。
(これはドイツ仕様のKPz70)

ミーネンロイマーパンツァー"カイラー"(地雷処理車)　　(エリーテ/RK)
カイラーはM48パットンから改造された地雷処理車。細部、キャラピラはT社M48から流用。次のページのダクスは
レオパルド1車体から作られた工作車。両キットとも作るがものすごく難しく、何度製作をあきらめようと思った事か。

239

ピオニールパンツァー "ダクス"（工兵用車）（エリーテ/RK）

ドイツ連邦軍主力戦車MBT
レオパルド 2A5（タミヤ/inj）
レオパルド 2A6（タミヤ/inj）
ドイツMBTのそろい踏みである。レオパルド2は他社からも出品されたが、タミヤにはかなわない。

ドイツ連邦軍偵察車両
ルクス重装甲車(レベル/inj)後列左側
フクス装輪APC(レベル/inj)
ヴィーゼルMk.20A1(AFVクラブ/inj+EP)後列右側
ウルフ軍用乗用車(レベル/inj)前列左側

ヴィーゼルITOW(AFVクラブ/inj+EP)
ヴィーゼルのような軽戦闘車こそタミヤから出してもらいたかったアイテムである。

マン10t重トラック (レベル/inj)
現用独軍の主力弾薬運搬車である。

パンツァーホイビッツ2000自走砲
(レベル/inj)
ドイツ・レベルの自国車両のキット化である。いずれもディテールが良く再現されている。連邦軍主力自走砲とその弾薬運搬車である重トラックがそろったのは嬉しい。

ゲパルトAA-II (エレール/inj)
マーダーIA3ICV (レベル/inj)
ファウン・エレファント戦車運搬車 (トランペッター/inj)
ゲパルトAAはかなり古いキットを今頃作って見た。エレファント戦車運搬車にマーダーAPCの改良最新型を積んでみた。新旧キットの交流である。

241

8輪装輪重装甲車"ボクサー"(猟犬)(ホビーボス/inj)
ルクス・フクスの後継として開発され、派生型も含めて今後の独軍に配備される予定の装甲車。次のプーマと共に大型車両である(模型で約22cm以上の全長になる。これはレオパルド2と同じ車体長である。

IFV歩兵戦闘車"プーマ"(レベル/inj)
マーダーの後続として、13'より生産され、20'までにマーダーと交代する予定の新鋭車両。対地、対空両用4cm砲と機銃を装備している。

4.フランス軍車両

フランス軍もドイツ同様、戦後しばらくはアメリカから兵器の供与を受けていたが、パナール社の装甲車開発から戦後のAFVの生産が始まった。

　まずは、植民地の反乱(インドネシアやアルジュリアなど)を制圧するため、空輸可能な軽戦車AMX13(1951年)を開発した。AMX13はわずか15tながら、75mm/61.5口径滑腔砲を備えた揺動砲塔を採用、自動装填装置、車体前部エンジン、最高速度60km/hである。当時としては独創的な機構でありながら使い勝手が良く、旧殖民地を始めとして25ヶ国に輸出され、現在でもその主砲を90mm砲に換装して使用している国も多い。多くの派生型を含めて約4,500両が生産された。

　フランス軍MBTとしては、1962年から世界で最軽量のMBT、AMX-30戦車が生産された。AMX-30は重量を36tにおさえ、防御力は弱いが機動力を重視して最高速度65km/h(レオパルト1と同等)、不整地で50km/h(レオパルト1より速い)ものスピードを持っている。第二次世代に分類される戦車で独自の国産105mm砲を装備、通常の徹甲弾ではなく特殊な外殻施動式対戦車榴弾を射つ。フランス軍はAMX-30の後継としてAMX-32、AMX-40を開発するが量産にはいたらず、1990年になってやっとAMXルクレール戦車を完成させた。現在のフランス軍MBT、ルクレール戦車は第三世代に分類され、重量54.6t、主砲は120mm/55口径滑腔砲を装備、この砲は西側120mm砲の主流、ラインメタル社44口径より威力があり、最新エレクトロニクス装置、自動装填装置(4秒毎に発射可能)などを備えている。最高速度71km/h、不整地60kmと、レオパルト2と同等の性能を有している。

　現用フランス軍AFVのキットはと言うと、筆者が紹介したキットがすべてであり(残りは第10章・湾岸戦争の項)、フランスのエレールの独壇場である。本来は、ERC装甲車、AMX-10P、AMX-VTP兵員輸送車、VAB-APCの派生型等多くのAFVが存在するのだが。

前列左から:**AMX13.DCA対空戦車**(エレール/inj)、**AMX.VS病院車**(エレール/inj)、**AMX.VCA APC**(エレール/inj)
後列左から:**AMXB.155GCT**(エレール/inj)、**AMX30戦車**(エレール/inj)、**AMX13-75軽戦車**(エレール/inj)

前列左から:**パナールAML.H-90軽装甲車**(ADV/Rk＋Ep)、**パナールVBL軽装甲車**(ADV/Rk＋Ep)、**パナールAML,HE-60軽装甲車**(KMR/RK)
後列左から:**ルクレール戦車**(エレール/inj)、**パナールVAB兵員輸送車**(コマンダーズ/RK)

VAB(4×4)APC 装甲車　　　(エレール/inj)
パナールAML90装甲車　　(ADV/RK)
VABはドアが合わないなどとんでもないキット。エレール・キットのレベルは高くない。
パナールは各国に輸出された軽装甲車であり、各国のデカールが付く楽しいキット。
車両は旧仏領ジブチ軍仕様とした。

243

ルクレールMBT （タミヤ/inj）右、下
仏軍現用MBTである。エレール社のいいかげんなルクレールしかなかったアイテムであり、タミヤでよくぞ出してくれたものである。

AMX-30B(MENG/inj)
　フランスはAMX-30戦車の開発後、数々の戦車を試作するも失敗、ルクレールが出るまで結局、AMX-30を改良して使い続けていた。失敗作はソミュールT/M（仏）に多数飾物になっている。

AMX-30 AUF1　155cm自走砲(MENG/inj)
　上のAMX-30B両キット共車体は同じ、砲塔内まで良く出来ているキットだが、ハッチをすべて開けても、ほとんど見えなくなるので、後部弾薬室をオープンとしている。

244

5.イスラエル軍車両

　1948年イスラエルがパレスチナのアラブ諸国の真中に誕生すると、民族も宗教も敵対するイスラム諸国との軋轢から四次に亘る中東戦争が勃発し、現在でも民族間の敵対感情は続いている。

　建国以来イスラエルはアメリカから多大な支援を受け、英仏から多くの武器を仕入れた。建国当初の戦車部隊はM4シャーマンを使用したが、後に砲塔を改造してフランス製75mm砲に換装、さらに105mm砲に換装、スーパーシャーマンと名付けた。第三次中東戦争(1967年7月)では、これらの改造シャーマンとイギリスから買ったセンチュリオンがアラブ側の主力戦車T-54、T-55を多数撃破している。当時のセンチュリオンは主砲を105mm砲に換装していたが、第三次中東戦争後にエンジンをM48系列と同じディーゼルエンジンを搭載した。この改修型センチュリオンはショットと呼ばれ、アメリカ製のM48、M60と1973年の第四次中東戦争では主力戦車として、アラブ軍のT-55、T-62相手に活躍している。さらにレバノン紛争では、M60A1にリアクティブ・アーマーを施したM60メタルジャケットを使用している。

　現在のイスラエル軍戦車部隊は国産のメルカバMk.1/2(105mm砲装備)、メルカバMk.3/4(120mm砲装備)戦車を使用している。メルカバは重量62t、装甲はMk.1では多層スペースド・アーマー、Mk.2ではさらに砲塔とサイドスカートに特殊多層増加装甲を加えて生存性を高めている。車体前部に置かれたエンジンはディーゼル燃料タンクと共に乗員保護の役割も果たし、後部には負傷兵など乗員以外の兵士を通常4名、最大10名まで乗せることも出来る。人的資源の少ないイスラエル軍の最大の課題は兵士の生命の保護にあり、乗員の生存性の高いメルカバはまさにこのイスラエル軍の特徴に適合した戦車なのである。メルカバMk.3と4は現在中東最強の戦車であることに間違いは無い。

　周辺アラブ諸国軍と比べて兵力の少ないイスラエル軍歩兵部隊には、何にも増して兵員輸送車が必要であった。過去の中東戦争ではM4シャーマンと共に多くのM3ハーフトラックを収集、改造して必要であり、以前はM113を大量に使用していたが、現在では後述の独自のAPCが登場している。

前列左から:**M50アイシャーマン戦車**(タミヤ/inj+バーリンデン/Rk.Con)、**M51スーパーシャーマン戦車**(タミヤ/inj+MP/Rk.Con)、**T-67T-55改造戦車**(リンドバーグ/inj)

M51スーパーシャーマン(タミヤ/inj)&**IDF-M3ホワイト軽装甲車**(イタレリM3スカウトカー＋SC笹川作)
第三次中東戦争まで使われた米軍の中古兵器の見事なリサイクルである。

M3/ダイムラーIFV(タミヤM3＋SC笹川作)
同じく旧式英製ダイムラー装甲車(CS)の砲塔を載せた装甲車。運転席のみオープントップになっている。

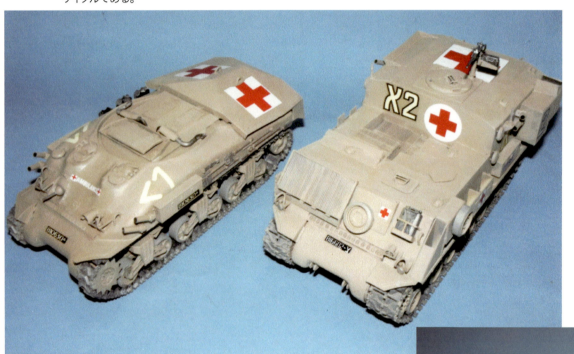

IDF-M4アンバランス(タミヤ＋SC巻口薫氏作)　上、右左側が旧型、新型(右側)は自走砲や司令車として使われたM4の再利用。作者は見事にSCしている。両車共にエンジンを中央に移している。

IDFショット(ベングリオン)戦車(FSC土居雅博氏作)
センチュリオン車体にM60とおなじディーゼルエンジン(車体後部)を積み、105mm砲を搭載して独自に改修された。T社キットのエンジンデッキを新造するなどの大改造作品。この改修型センチュリオンはベングリオン戦車として知られるが、これは西側諸国が呼んだ名称で、イスラエルではショットと呼ばれている。

メルカバMk.1（タミヤ/inj）　後列左側
メルカバMk.2（タミヤ/inj＋ウェーブ/Mtl・Con）前列右側
M60メタルジャケット（タミヤ/inj＋ウェーブ/Mtl・Con）＆
（アカデミー/inj）右側後列

IDFショットカル・ギメル82'型
（AFVクラブ/inj）
ベングリオ（ショット）ンに次々と装甲強化型が現れる。ベングリンにリアクティブアーマーを追加した82'型。車長フィギュアは高栄氏の作。

IDFマガフ6Bガルバタッシュ
（アカデミー/inj）上、右
後ページのメルカバMk.III/Dと同じコンセプトの砲塔を搭載している。

247

メルカバMk.III&KMT-4マインローラー付き(アカデミー/inj)
このMk.IIIキットの砲塔は巾が狭く、外形も良くない。

メルカバMk.III/D(MENG/inj)
砲塔巾が広く、こちらのMKIIIが正解。現在のIDFのMBTはメルカバMk.III/DとMk.IVである。

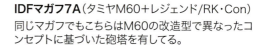

IDFマガフ7A(タミヤM60+レジェンド/RK・Con)
同じマガフでもこちらはM60の改造型で異なったコンセプトに基づいた砲塔を有してる。

メルカバMk.IV(アカデミー/inj)上、左
IIIまでのホィール、サスペンションも、改造され、全く異なる新型戦車であることが分かる。その砲塔は、上方からの対戦車ロケット弾に耐え得る亀甲様装甲を施こし、ハッチは分厚く1ヶ所としている。キットは作り易く、これがIIIを出したと同じ社の製品とは思えない。

T-55"ティラン5"（タミヤ/inj）
IDFは捕獲したロシア製戦車T-55の主砲を105mm砲に換装自軍に編入している。

IDF-L33"ソルタム"155mm自走砲
（D社M4A3E8＋AEFデザイン/RK・Con）
キットは実車同様、M4車体に戦闘室を載せるだけであるが、戦闘室がオーバースケールで車体がすっぽり入ってしまう。M40自走砲（AFVクラブ）に載せると、車巾が拡張されているのでぴったりであろう。

M109A2IDF仕様
（AFVクラブM109＋ブラックドック/RK・Con）
L33ソルタムの後継車としてM109が選ばれ、交代して配備されている。砲塔、車体側面の弾薬箱など装備（ブラックドッグ製）を貼り付けると楽しい。

イスラエル軍兵員輸送車IDF APC

M3APCイスラエル軍仕様
(タミヤM21+クリエル・モデル/RK・Con)
戦後イスラエルが最初に取得したAPC。改造キットの出来は良く、イスラエル軍仕様M3が再現可能。
シミラM151イスラエル軍仕様 (アカデミー/inj)
タミヤM151A1より出来の良いキットである。

マグマショット突撃車
(モデルクラフト社センチュリオン+キリン/RK・Con)
実車同様にセンチュリオン車台に、重装甲戦闘室を載せたお手軽改造キット。機銃3丁は他キットから流用。

M113指揮車(タミヤ/inj+バーリンデン/RK+Ep.Con)、**M113工兵用車**(タミヤ/inj+バーリンデン/RK+Ep.Con)、**M113.60mm自走砲**(タミヤ/inj+バーリンデン/RK+Ep.Con)
M113ゼルダAPC(タミヤ/inj+バーリンデン/RK+Ep.Con)後列右側

ラムタV2(TOW搭載)(FSC　笹川作)
イスラエル軍軽兵員輸送車である。汎用大型ジープであり、ハンビーの前身のような車両。
ラムタのFSCには、イタレリ社M-1036HMMV(トウミサイルランチャー車)を使用、車台、ホイールとも同径であることから、TOW搭載型として製作。

プーマ戦闘工兵車
(アカデミー社センチュリオン+AEFデザイン/RK・Con)
実車は地雷原啓開工兵車両として、ショット(センチュリオン)車体を利用し開発された。キットは作りにくく、ラファエルOWSリモコン機銃などの細部は自作せねばならない。

メルカバARV(ホビーボス/inj)
メルカバ車体(Mk.IV)を利用したAPCとARV(工兵用車)が生産され、配備され始めている。

アチザリッド歩兵突撃車
(タミヤ社T-55+AEFデザイン/RK・Con)
T-55のパワープラントを小型化左側に寄せ後部に兵員ハッチを設ける画期的改良と、世界最強装甲を持つAPC。キットはかなり車高が高く、低くするのに苦労した。プーマ同様機銃など細部は自作。

6.陸上自衛隊JGSDF車両

　当初はアメリカより供与されたM4、M24、M41を使っていた陸上自衛隊が創設後わずか6年で開発した国産戦車が61式戦車である。M47、M48と同じ90mm砲を持つ第一世代の戦車であるが、大戦中の日本戦車の技術を受け継いでディーゼルエンジンを装備していた。(M48も70年まで90mm砲を装備し、ディーゼルエンジンはM48A3から導入)。1970年代には各国が105mm砲塔載の戦車を配備するようになって、日本は遅れをとっていたが、1974年にやっと戦後第二世代の74式戦車が開発された。74式は当時の西側戦車の標準であった105mm砲を搭載、砲安定装置、レーザー測遠機に連動する弾道計算器を持ち、高い射撃精度を持っている。重量38t、最高速度53km/h、油圧懸架装置による姿勢変更ができるという特長がある。しかし74式の配備が始まって問もない1979年には複合装甲と120mm砲を備えたレオパルト2が出現して世界は第三世代の時代に入ってしまった。(74式は873両が生産されたが、2000年から退役が始まっている)

　1990年になってやっと日本の第三世代の戦車、90式戦車の配備が開始された。90式戦車は重量は50t、レオパルト2と同じラインメタル製120mm滑腔砲を装備、複合装甲、主砲の自動装填装置を備えて乗員は3名である。また電子技術大国日本の戦車らしく数々の電子装備を備えている。走攻守三拍子揃った優秀な戦車であるが、高価過ぎて(世界一高い、約10億円)年間生産量が少ないのが欠点である。(90式の生産量は09'まで341両にすぎない。)

　61式、74式、90式戦車はタミヤからインジェクションキットが出ているが他の装甲車両のインジェクションキットはまだ出ていない。わずかにピットロードから87式偵察警戒車、82式指揮通信車、89式装甲戦闘車のインジェクションキットが出ているだけである。自国車両のプラモデルキットが少ないというのは日本のモデラーとして情ない限りである。

M41A2軽戦車陸上自衛隊仕様
(OKUNO/RK)
M41A1を改修 外見上は補助マフラーを追加、エンジンを改良した型式である。

60式無反動砲車B型
(ブレイブモデル/RK+Mtl)&**60式装甲車(APC)**(FM/inj)左側
106mm連装砲を搭載した陸上自衛隊最初のAFVであり、師団の対戦車部隊に配属された。キットは素晴らしい出来であり、作り易い。惜しむらくは、砲尾から出る発射コードの説明が無いので自作してやると良い。近年FM社よりinjキットが発売された。
同じく、60式装甲社も陸自初の装甲兵員輸送車(APC)である。

60式無反動砲車C型(ブレイブモデル＋SC笹川作)
B型は走行状態で作ったので、C型は戦闘(発砲)時仕様として製作した。不明な点はこの車両を設計した元小松製作所の高松武彦氏にご教示頂いた。

自衛隊のMBT開発史

61式戦車(タミヤ/inj)リメイク版　前列左側
74式戦車(タミヤ/inj)冬季迷彩塗装
90式戦車(タミヤ/inj)現在は主に北海道の部隊に配備されている。　後列

87式自走高射機関砲(ピットロード+inj)
74式戦車車台に35mmエリコン機関砲2門を搭載、捜索レーダーと追尾レーダー対空システムを持つ優れた対空自走砲。作り易く、素晴らしいキット。

75式自走155mm榴弾砲(FSC 熱田育夫氏作)
熱田氏快心の力作である。足廻りは74式戦車より起動輪と履帯を加工し、転輪はマーダーIと90式より流用。12面体砲塔は自作し、細部は74式より利用している。(製作記はJNL Vo15.No1'01`WINTER号に詳細発表)

最近の自衛隊車両

MLRS自衛隊仕様　　（ドラゴン/ハセガワ/inj）
M987FVS起動運搬車に12発の227mmロケットランチャーを搭載した自走多連装ロケット発射砲。米国製をJGSDF仕様とした車両。

87式化学防御車&82式指揮通信車（左側）
（ピットロード/inj）

89式装甲戦闘車　　（ピットロード/inj）
以前のピットロード/RKのリメイク版としてinj化された車両。陸自初のICV（歩兵戦闘車）であり、35mmエリコンKDA砲と同軸7.62mm機銃及び重MAT（79式対舟艇・対戦車誘導弾）を有する。乗員4名と6名の兵士が乗り組む。前記90式戦車と共に機甲部隊の中心をなす存在である。

87式偵察警戒車　　（ピットロード/inj）
戦国自衛隊1549仕様）
この車両も以前にピットロード社RKとして出ていたキットのリメイク版injキット。

軽装甲機動車　　（タミヤ/inj）
(イラク派遣仕様)
フィギュアはタミヤ/injとピットロード/RK混成軍

96式8輪装輪装甲車(モノクローム/inj) **73式1・1/2小型トラック**(モノクローム/inj)
偵察部隊オートバイ(タミヤ/inj)

99式自走155mm榴弾砲(ピットロード/inj) 上、左
車体は89式装甲戦闘車のものを延長し、主砲は155mm52口径、射程40km、自動装塡装置等の高性能を誇る。PIT社のこのキットも高性能を誇って良い。

10式戦車 ヒトマル MBT(タミヤ/inj) 上、右
2010年に制式化された陸上自衛隊最新鋭主力戦車(MBT)。44tと軽量ながらモジュール装甲によって防御力も高く、より高威力な120mm砲を搭載。ネットワーク通信による部隊運用が可能で第4世代の戦車とも呼ばれている。

7.ロシア軍車両

(1)ロシア(ソ連)軍戦車

　朝鮮戦争でT-34/85がアメリカ軍のM26、M46に惨敗した結果、ソ連軍はT-34と同じ砲を積んでいたT-44に見切りをつけ、新たにT-54を開発した。1950年から量産されたT-54は、重量36t、低い車体高に避弾経始を考慮した半球状砲塔を持ち、その最大装甲厚は210mm、車体前面で90mmという防禦力を誇っている。100mm/56口径砲を装備し、その主砲は同世代(第一世代)の西側戦車の90mm砲を凌駕していた。T-54は西側戦車をおびやかし、105mm砲を持つ戦車の(第二世代)開発が急がれた。T-54は改良されたT-55およびその改良型T-55M併せて約10万両も作られ、東欧および共産諸国を始めとして全世界に輸出され、東側戦車のベストセラーであった。

　1960年代に入ると、ソ連軍はT-62の生産を開始した。T-62は重量40t、最高速度50km/hとT-55を上廻り、特に115mm滑腔砲を世界に先がけて採用した。戦後のソ連戦車は常に西側戦車の主砲を上廻る口径の砲を装備し続け、西側戦車がそれを追い抜くというパターンが繰り返された。1974年、ソ連はT-72を開発した。T-72は自動装填装置付きの125mm滑腔砲を装備、赤外線暗視装置、ガンスタビライザーに加えてレーザー測遠機も装備している。重量41t、最大装甲厚は280mmに達し防護力も向上している。1976年にはT-72とは別のコンセプトでT-64が開発された。T-64は新型エンジン、オートマチックミッションを装備した西側の戦車に近い操縦性を持った戦車であった。このT-64を継承改良したのがT-80で、1978年から生産されている。T-80は重量42t、装甲はT-64Bから車体前面に200mmと砲塔250mmの複合装甲が施されているのに加えて懸架型爆発装甲と呼ばれるリアクティブアーマーで装甲している。主砲は自動装填装置を備えた125mm砲で、通常砲弾と対戦車ミサイル弾(AT-8ソングスター)が発射される。照準装置はレーザー測遠器、アクティブ赤外線方式の暗視装置を持つ。さらに動力にガスタービンエンジンを装備し、最高速度75km/hである。1985年にはT-80の射撃統制システム、夜間照準装置等を改良し、大型のリアクティブアーマー式増加装置が取り付けられてより防御力が向上したT-80U及びT-90が登場している。

　東西の第二世代主力戦車が激突した1973年の第四次中東戦争では、イスラエル軍のM48、M60、センチュリオンはシリア、エジプト軍のT-54、T-55、T-62と戦い、損害率は1:3～3.5であった。このためソ連の戦車は西側戦車に比べて劣っていると言われる。しかし筆者は本当の敗因は戦車そのものではなく、使用するアラブ軍兵士の質にあったのではないかと考えている。

T-44(アキュリットアーマー/Rk+Mtl+Ep)
T-34/85の後継車であるT-44は当初は85mm砲を搭載したが、後に100m砲に換装した。砲塔はT-34/85と略同型で車体はT-54に似ていることからT-54への橋渡し的な役割の戦車だったことが分かる。車体銃は固定機銃で大変ユニークである。アキュリットアーマーのキットはT-44の特徴をよく再現し、簡単で作りやすい。

JS-IIIm(エジプト軍仕様トランペッター/inj)
ソ連から供与されたJS-IIIを改良したエジプト軍戦車。下記にソ連軍装備を大量に使用したエジプト軍を紹介する。

T-34/122(タミヤ+コマンダーズ/RK・Con)
T-34/100(マケット/inj)
T-34車台を利用して中東戦争でエジプト軍が使用した自走砲

BTR-152EAA(スキフ/inj)＆**GAZ66AA**
（イースタンエクスプレス/inj）　後列
BRDM-1エジプト軍仕様(アーセナル/inj)
BTR-152EAAとBRDM-1のエジプト軍仕様を併せて紹介する。いずれも作り易く良くキットであった。(初期のソ連軍装甲車(戦後すぐの)をここに示し、後の項でその後の装甲車を紹介する)

SU-101(FSC桜井敦文氏作)
SU-100と同じ武装だが、欠点を改良しかつ防禦を向上させた駆逐戦車がSU-101である。車体前面90mm戦闘室正面120mmの重装甲はT-44と同じレベルである。T-34を後向きにした形で、サスペンションはT-44で採用されたトーションバーを用いている(ジェームス・ニューズ・レターVo1.3No.2、桜井氏文より抜枠)

JSU-152M(タミヤJSIII＋クロムウェル/RK.Con)
JSIIIの152mm自走砲型である。見事な避弾経始を持つ戦闘室である。

257

オブジェクト279試作重戦車(パンダ/inj)
核防禦装備を持ち被爆地も走行できるユニークな戦車である。詳細については武宮三三氏著「オブジェクト279」小社限定版に単一戦車の研究として図面と共に掲載されているので一読願いたい。武宮氏によると3社より同時リリースされたが、このキットが一番良く再現されているとのこと。

JS-4重戦車(トランペッター/inj)&**T-10M**(MENG/inj)
JS-3を大型化し試作された重戦車であるが、試作のみに終わっている。同じく、T-10MはT-10重戦車シリーズの最終型で、改良型の122mm砲を新設計の砲塔に搭載し、エンジンを強化されて最高速度もアップしている(50km/h)

JS-7超重戦車　(FSC　笹川作)
冷戦での東西重戦車競争の末、ソ連軍が出した究極の結論が、この超重戦車であった。重量68t、130mm砲×1、重機6挺、最大装甲厚218mmのモンスターである。このFSCは苦労し何度も作り変えた。JSⅢM(トランペッター/inj)とエレール社155Gct自走砲のホイールを基に、歯科用即重レジンとポリパテで仕上げた。

現用ロシア軍MBT
T-62M
(タミヤ+マキシム/RK砲塔)後列
T-64BW(スキフ/inj)前列左側
T-80UD(スキフ/inj)前列右側

前列右から:**ZSU-23×4M対空戦車**
(ドラゴン/inj)
T-80U型(ドラゴン/inj)
後列左から:**T-80W型**(ドラゴン/inj)、
T-72M2
(ドラゴン/inj)

ZSU-23×4M対空戦車"シルカ"(ドラゴン/inj)
ベトナム戦後期ごろに完成し、ベトナム防空・空軍博物館に現存、
展示されている。

T-80型(スキフ/inj)

T-90MBT（ズベズダ/inj）
T-80はT-64を、T-90はT-72車体に最新のFCSを組み込み、総合射撃システム（A43）を装備し、腔内完射式誘導ミサイル（レフレクス）も搭載。攻撃力、防御システム（ミトーラ）も完備している。現在のロシア軍MBTである。

T-90SA（トランペッター/inj）
T90の熱帯地仕様、特にインド軍から多数の発注が有り、配備が始まっているという。

T-14"アルマタ"（タコム/inj）　右、下
10数年ぶりにロシアが開発再開した最新鋭MBT。過去の球状砲塔＋リアクティブアーマーではなく、無人砲塔で、3名の乗員は全て車体前方に搭乗する。かなり外形は大きく、スペックなど公表されていないが、現在、世界最大、最重量の戦車ではないだろうか。こんな事が判るのも模型上、比較出来るからである。

260

(2)ロシア(ソ連)軍装甲車

　大戦中は戦車の生産に集中していたソ連は戦後、次々と優秀な軽戦車、兵員輸送車を生産し、共産諸国やアフリカ諸国に供与している。1952年に開発されたPT-76水陸両用戦車は76.2mm砲を装備し、最高速度44km/hであり、重量14tで浮航走行が出来た。第一世代の西側軽戦車(M41、AMX-13など)と攻撃力は同等であるが、装甲は14mmと弱かった。しかし水上航行速度は10km/hと速く、ベトナム戦争、中東戦争で活躍し、中国でもコピー生産された。BTR-50、ZSU-23-4等15種の派生型があり、東側軽戦車のベストセラーであった。

　第二世代からのソ連軍兵員輸送車には装軌式と装輪式の2種がある。1967年の軍事パレードで西側を驚かせたBRM(BMP)APCは、73mm砲を持ち、歩兵の乗車戦闘が可能で、兵員輸送車というより歩兵戦闘車(IFV)の元祖ともいえる車両であった。BMPはBMP-1から2へ、最近ではBMP-3へと進化している。BMP-2は30mm機関砲と機銃1挺を持ち、重量14.6t、最高速度60km/h(水陸航行速度6km/h)、乗員3名、兵士7名が乗る。装輪式の兵員輸送車でソ連が最初に作ったのはBTR-152で、1950年代に大量に配備された。1961年には8輪のBTR-60と4輪のBRDM-1が生産された。BTR-60はBTR-70へと改良され、現在ではBTR-80が使用されている。BTR-70は14.5mm機関砲と機銃1挺を装備し、重量12.1t、最高時速80km/h(水上10km/h)航続距離600km、乗員2名と兵士9名を乗せる。BRDM-1を改良したのがBRDM-2で、武装はBTR-70と同じ、重量10t、最高速度100km/h(水上10km/h)乗員4名である。多種の武器を搭載した多くの派生型がある。

　ロシア(ソ連)には他にも多くのAFVや軍用車両があり、その種類はアメリカ軍よりずっと多い。ところが模型ではソ連軍車両のキットは少ない。近年ドラゴンがこの分野に参画して主力戦車はなんとか揃ったが、戦車以外の車両ではレジン製などのガレージキットが若干出ているだけである。今までは鉄のカーテンに遮られて資料が少なかったせいもあるが、ソ連物は人気が今ひとつ盛り上がらない。こうなると、筆者は今後はこの辺に力を入れて自作していこうかと考慮しているところである。(旧著で紹介したBTR.ASU.BMPなどは省略)

PT-76水陸両用戦車(トランペッター/inj)

BTR-70(ドラゴン/inj)左側
BTR-80(ドラゴン/inj)

PT-76B水陸両用戦車
(北ベトナム軍仕様)
(イースタンエクスプレス/inj)

左から:**BRDM-1**(バーリンデン/RK)、**BRDM-2スカウトカー**(アキュリットアーマー/RK+Mtl)、**BRDM-2AT-3**(バーリンデン/Rk)、**BRDM-2SA-9ガスキン**(バーリンデン/RK)

BTR-80A装輪装甲車(ズベズダ/inj)
BMP-3水陸両用戦車(スキフ/inj)

BMP-3増加装甲付(トランペッター/inj)
最新ロシアIFVがBMP-3であり、通常型と増加装甲型が相次いでリリースされた。

BMD-1 P/E空挺戦車(スキフ/inj)
BMD-2空挺戦車(イースタンエクスプレス/inj)

12cm迫撃砲車"ノナS"(イースタンエクスプレス/inj)
BMD車体を延長し、迫撃砲を搭載した戦車型自走砲は画期的。

(3)ロシア野砲隊

MTLB牽引車＋SU-122(M30)
野砲(ICM/inj)
BM-21"グラド"カチューシャロケット
砲車(オメガ/inj)

2CI"ダヴォーチカ"
(カネーション)122mm自走砲(スキフ/inj)
MTLB車体に122mm砲ユニットを載せた
ロシア軍初の自走砲。

2S3 152mm自走砲"アカツィア"
(トランペッター/inj)
1971年よりソ連及び旧ソ連友好国に配備され、今も
東側で使われているベストセラー自走砲。

2S19 152mm自走砲"ムスタS"(トランペッター/inj)
T-80車体に43.6kgの榴弾を最大射程28.9kmまで飛
ばすことの出来る自走砲。キットは最新のロシア自走砲
をよく再現している。

263

野戦司令部用車

BTR-152装甲アンバランス(スキフ/inj)
GAZ-66無線指揮(司令)車(イースタンエクスプレス/inj)
UAZ-469ジープ(MW/inj)

汎用装甲野戦乗用車"ティーガー"(MENG/inj)

ロシア(ソ連)軍トラクター
左:AT-Tトラクター(FSC笹川作)
右:PT-S水陸両用トラクター(FSC笹川作)
仏版「ソ連軍トラクター」誌の図面を基に、現用トラクターをフルスクラッチした。両車とも足回りは実車と同じくタミヤ製T-62のパーツを流用。PT-Sの巨大なこと、荷台にはBMD-1(エアモデル/RK)が載ってまだ余裕がある。AT-Tは重砲牽引用トラクターで、車体下部はT-55と全く同じで、製作は簡単であった。

2S7 203mm重自走砲(パンツアーショップ/RK+Mtl)
この重自走砲の巨大なこと！特に砲は重く中へ1.5mmワイヤーを入れても下って来てしまうの1mmワイヤーで支えている。みっともないが仕方なく、反省である。こうして世界最大自走砲の完成である。

ロシア対空車両部隊

"ストレーラー"10M3自走対空ミサイル(スキフ/inj)
MTLB車体に対空ミサイルを搭載した。

SAM-6対空ミサイル車(ポーランド軍仕様)
(トランペッター/inj)

SA-2対空ミサイル&トレーラー
(トランペッター/inj)
ZIS-151クレーン車(Z/Zモデル/RK＋EP)
ZIS-151のキットはEPがほとんどを占めるキットであり、かなり難しい。基本車体はI社カチューシャ・トラックのコピーを使用している。

MTLB-6MIB3(スキフ/inj)
2006年より生産された低空防衛を目的とした対空自走砲。

2S6M"ツングースカ"(パンダモデル/inj)
30mm×2×2機関銃と対空ミサイル4×2(9M311)を装備しているロシア軍最新鋭対空戦車をパンダ社がリリースしている。パンダ社のキットは合いはよろしくなく、ミサイル筒は入らないなど、欠点だらけだが、今後に期待したい。

FS"ターミネイター"(MENG/inj)
地雷処理装備、対地、対空能力を持つ火力支援戦車。今後の新しい分野の戦車として興味深い。
その他にもロシア軍AFVはかなりの種類が有り、とても紹介しきれないと共に、キットがこれだけ出てもカバーしきれない。
ロシアは中東、東欧、北欧等の諸国に多くのAFVを供与し、輸出している。後の章のイラク軍及び東欧の車両の中に紹介しているが、出現順については前後する結果となっている。
また、旧ロシア車両について(特にMVなど)は、旧著に紹介しているので省略させて頂いた。

265

第10章　　湾岸戦争とその後の各国戦車

　1990年8月、クウェートを併合せんとするイラクのフセイン大統領の野望は、彼の機甲部隊によって、わずか1日で達成された。国連による撤退勧告は無視され、英米を中心とする西側諸国は、侵犯されたクウェートの主権を復活するためイラク懲罰に立ち上がった。1991年1月17日、アメリカ軍を主力とする多国籍軍はサウジアラビアに上陸、イラク軍と対決することになった。こうして始まった湾岸戦争は、現代の戦車の有効性を知る絶好の機会となったのである。筆者のようなAFVファンにとっては、戦車個々の実力を想像でなく実戦での判断ができるというのは興味深い。

　他国籍軍の航空機が1ヶ月間にわたり空爆を敢行し、イラク地上軍は地上戦に入る前にその2割を失う大損害を出した。2月24日、多国籍軍はイラク侵攻作戦「砂漠の嵐作戦」を開始する。多国籍軍の兵力は34個師団55万人、戦車4,000両、装甲車5,500両、火砲2,400門、航空機3,000機であった。対峙するイラク軍は50個師団65万人、戦車4,500両、装甲車3,000両、航空機700機であるが、航空戦力は空爆で制圧されてしまい役に立たなかった。また、イラク地上軍は空からの攻撃で叩かれっぱなしになり、士気は低下、戦力は半減していた。多国籍軍はアメリカ陸軍のM1A1を先頭に、海兵隊のM60A3、イギリス陸軍のチャレンジャー、フランス軍のAMX-30B2、サウジ陸軍のチーフテン等の西側最強戦車1,500両がイラク軍西側から攻撃を開始した。対するイラク軍の主力はロシア製T-72、T-62、T-55戦車各々1,000～1,500両、中国製69式戦車およびフランス製AMX13-90軽戦車500両も保有していた。砂漠の戦車戦はわずか4日間で多国籍軍側の完勝で終った。多国籍軍対イラク軍の損害率は1:100であった。多国籍軍の損害は、戦死行方不明150名、戦車の損失M1A1・4両、M60A3・4両を含むAFVあわせて67両。イラク軍の損失は戦死・行方不明17,000名、AFV3・400両であった。特にM1A1エイブラムズ、M60A3、チャレンジャーの活躍は目覚ましかった。

　ここでは湾岸戦争に参加した両軍のAFVキット紹介している。

1.イラク軍車両

　イラクは8年間にわたってイランと戦争を行ない1988年に休戦。その後もイラク軍は、軍備増加を続けた。装備は主に、ロシア、中国、フランスから大量のAFV、火器および航空機を購入した。イラク軍の主力戦車はT-72、T-62および前記の戦車群、その他の主なAFVは、BMP-1、BMP-2、BTR-60、BTR-70、BRDM2、BRDM3装甲車と、2SI-122、ZSU-23-4自走砲等であった。湾岸戦争後、クウェートの勝利記念館に残るイラク軍捕獲車両の中には、中国製、ロシア製車両にフランス製、ロシア製兵器を搭載したAFVが数多く見られる(「世界の軍事戦車博物館」(私著)で紹介した)。このような混血車両は、ロシア軍AFVファンにとってはこの上なく興味を引かれる対象である。残念ながら悪役フセイン軍の混血AFVキットを出すメーカーは皆無である。

T-55アップリケアーマー
(リンドバーク/inj＋バーリンデン/Rk＋Ep・Con)
T-55の防御力を増やすために大型の複合装甲が施された戦車である。リンドバークのT-55とバーリンデン改造キットは合いが悪く、曲やすりをかけて修正した。装甲を持ち上げる部分のバネはキットのものでは実感がないので歯科矯正用コイル・スプリングを使い、支持架も0.16×22インチ矯正用角線を用いている。出来上がるとカブトガニのような形状で、T-55とは別の新型戦車に見える。

左から:**T-72M1イラク軍仕様**(タミヤ/inj)、
&**T-55Aイラク軍仕様**(エッシー/inj)右側

YW-750装甲兵員救助車(ブロンコ/inj)中国製の兵員輸送車である。

前列:**BRDM-3イラク軍仕様**(ドラゴン/inj)、
AMX13-90軽戦車イラク軍仕様
(エレール/inj)後列左側
BTR-70アフガン仕様(ドラゴン/inj)、
前列左側 **BMP-2Eアフガン仕様**
(ドラゴン/inj)前列右側

スカッドBミサイル車(ドラゴン/inj) 左、下
このキットは現在の1/35AFVプラモデルキット中最大であるという事を示すために作った。スカッドミサイルは他国籍軍の空爆に対抗して発射され、世界中を騒がせたものである。

267

2.多国籍軍の車両

　湾岸戦争を戦った多国籍軍のAFVも多種多様であった。これらのAFVが砂漠戦仕様に改造され、実戦向きに増加装甲を装着している勇姿を見ることは、AFVファンにとって趣きのあることである。

　イギリス軍AFVは、チャレンジャー1Mk.Ⅲ、ウォーリアIFVおよびS(CVR)シリーズのシミター、ストライカー、スパルタン等である。アメリカ軍AFVは、M1A1、M60A3、M2A2ブラッドレー、AA7A1水陸両用車、M113A2、LAV装甲車、M270MLRS、M109A2自走砲、M551A1シェリダン等であった。フランス軍AFVは、AMX-30B2、AMX-10RC重装甲車、ERC-90装甲車、VAB-APC等である。イギリス軍の主力戦車チャレンジャー1Mk.Ⅲは、チャレンジャー1Mk.Iに、夜間戦闘用熱線暗視装置と主砲スタビライザー用冷却器、2,000ℓ外部燃料タンク等の砂漠戦用装備と、車体前面にリアクティブ・アーマーが、車体側面には複合装甲が追加装備されたものである。ただでさえ防御力を誇るチャレンジャーが装甲を強化したのであるから、チャレンジャー1Mk.Ⅲが圧倒的強さを見せたのは言うまでもなかった。アメリカ軍M1は初期にはガスタービンが故障し砂漠戦に向かないのではないかと疑問視されたが、M1A1では改良され、世界最初のガスタービンエンジンを使用した戦車の有効性を示した。さらにM1A1のラインメタル製120mm滑腔砲の威力はすさまじく、イラク軍のMBT、T-72、T-62を一撃で粉砕した。初弾命中率は2,000mの距離で80％の数値を示した。また、防御力も強固で、T-72の125mm砲弾はその正面複合装甲を撃ち抜けず、イラク軍戦車隊はいたずらに砲撃を加えたのみであった。2月27日に行なわれたアメリカ軍第1機甲師団第2旅団とイラク大統領警護隊第2メディナ戦車師団の間で戦われたメディナ戦車戦では、M1A1の損失は4両のみで、T-72は130両ものスクラップの山を築いたのであった。

　西側主力戦車チャレンジャーとM1A1の圧倒的な強さの要因は、照準器と測距機器および弾道測定コンピュータ等の射撃統制システムがイラク側のT-72より優れていたこと、複合装甲、自動消火システム等の防御機能が有効であったこと、および乗員の士気、練度がイラク軍より上廻っていたことがあげられれる。

　第9章・現用車両編で紹介した車両と比較すると、「砂漠の嵐」作戦ではどこが補強され、改造されたのかを示す格好の教材である。視覚に訴えることで興味が増すであろうと思い、このように展示している。

(イギリス軍)

Sシリーズ装甲車前列左から
**ザクソン指揮車、
サマリタン病院車、
シミター軽戦車、**
後列左から
**ストライカー対戦車型。
スパルタンミラン搭載車、
サムソン工作車**
シミター(AFVクラブ/inj)以外はすべて(アキュレットアーマー/RKキット)

スキャメル・コマンダー戦車運搬車
(アキュレット/RK＋Mtl) 上、右
チャレンジャーIIイラク(デザート)仕様
(タミヤ/inj&トランペーター/inj) 右側
がタミヤ製

すべて英軍イラク仕様車両、最近ではT社
からチャレンジャーIIが、ウォーリアも03
年新版イラク仕様がアカデミー社から出
ている。スキャメルは重量感が有りディテ
ールも抜群。アキュレットにしては作り易い。

ウォーリアMCV(アカデミー/inj)　　　　スキャメル・コマンダー戦車運搬車(アキュレット/RK＋Mtl)

シミター軽戦車（AFVクラブ/inj）

AS90 155mm自走砲デザート仕様　上
（トランペッター/inj）

ランドローバー・ディフェンダー"ウルフ"（アキュレット/RK＋EP）
このキットは最新のアキュレット社製、組立て説明図はカラーガイドになり、デカールも美しく良い仕上がりになっている。

FV 1611無線中継車"ピッグ"（豚）（アキュレット/RK）　中央
ランドローバー・ピックアップ（ダートムア/RK）　右
ランドローバー・ディフェンダー"ウルフ"（アキュレット/RK）　左

(アメリカ軍)

M551シェリダン空挺戦車イラク仕様(アカデミー/inj)
長らくタミヤから出ていた古いキットしかなかったが、アカデミーがキューポラ防楯や荷物バスケットを装備したタイプをキット化した。M551はベトナム戦で活躍したが、イラクでは先兵として復帰した。

M1025ハマーパトロール(イタレリ/inj)
AAV7A1　W/EAAK(ミニホビー/inj)
AAV7はタミヤキットのコピーに増加装甲を貼り付けていくキットである。離島防衛用として自衛隊への導入が決定している。

LAV25輸送兵員輸送車シリーズ
LAVピラーニャ(イタレリ/inj) 右
LAV TUA(エッシー/inj)
LAV MC(イタレリ/inj)
LAV装甲車は米海兵隊偵察用車として使用されTUA(対戦車ミサイル8基搭載型)とMC(81mm迫撃砲型)がある。

米軍の主力BMT　上、右
M1A1マインブラウ付(タミヤ/inj)
M60A1リアクティブアーマー(グンゼ/inj+Mtl)
M2A2　1FVスーパーブラッドレー(タミヤ/inj)

271

ハンビーコマンダー(イタレリ/inj)左より
ハンビーアベンジャー(イタレリ/inj)
M1117ガーディアン(トランペッター/inj)

AAVR-7A1水陸両用車戦車回収型(ホビーボス/inj)
M1117ガ-ディアン(トランペッター/inj)

AAVR-7A1は内部まで良く出来ているので、ハッチをすべてオープンとしている。

M3A3 ブラッドレーBUSKⅢ IFV 上、左
(タミヤ+MENG/inj+SC笹川作)
内部など両車キットに足りないものがあり、2個1で完成させた。
Buskと呼ばれる装甲強化キットはMengのパーツを使用している。

M1A2戦車増加装甲型（タミヤ/inj）後藤恒徳氏作
外側装甲板の取り付け位置が分からないと、こぼしつつすり合わせて完成させた後藤氏の努力作。
現在世界最強の米軍MBTである。

(フランス軍)

左:**AMX30B2**(エレール/inj＋ADV・Con)
右:**AMX-10RC装甲車**(ADV/RK)ADV限定版
湾岸戦争に参戦したフランス軍第4竜騎兵連隊のAMX-30B2戦車と第1外人部隊軽騎兵連隊のAMX-10RC重装甲車である。両車とも105mm砲装備のフランス軍最新鋭車両であった。AMX-10RCキットはADVの原型師F・ション君(仏工科大学院生)がJAMESを訪れた際のお土産である。わざわざパリからJAMESコレクションを見たきてくれた記念品でもある。国籍は違っても同じ趣味の仲間であり話は尽きず、食事をご一緒した。

AMX-30AA(エレール/inj)　　**AMX-AUF1　155mm自走砲**(エレール/inj)
AAキット共にエレール社リメイク版だがさほど改良されていない。

地雷処理車"バファロー"(ブロンコ/inj) 左、下
米国製車両を仏軍が採用、配備している。キットは色々なタイプが選べる楽しみが有る。

274

3.その他の国々の戦車
(1)北欧
スウェーデン軍

上、左
Sタンク(Strv103)C型 (トランペッター/inj)
レオパルドIIスウェーデン戦仕様(ホビーボス/inj)
北欧3国のMBTはレオパルドIIに変換しつつある。スウェーデン及びフィンランド軍でも数十両配備されている。他にもスイス軍、オーストラリア軍にも購入され、西側のベストセラーになりつつある。

IKV-91水陸両用戦車(ホビーファン/RK)
CV9040B 1FV(アカデミー/inj)左側
KV-91は現在ほとんど使用されていない軽戦車、ホビーファンのIKVキットは余り良くないキット。CVのキットに付属する砲はメタル製で大変良質で組み立て易い。

デンマーク軍

M41A3デンマーク軍仕様
(M41A3スカイボウ/inj+アキュレット/RK.Con)
M41をドイツにおいて改修した為、各所にドイツ製機器を使用している。

275

フィンランド軍

T-55フィンランド軍仕様マインローラー付き
（トラペ/inj+SC 巻口薫氏作）
地雷処理車らしくほこりっぽく塗装してくれた巻口氏の快心作。

BMP-2　IFVフィンランド軍仕様（エッシー/inj）
T-72M1戦車フィンランド軍仕様（エッシー/inj）
両キットともにフィン軍塗装としたが、キット自体とピタリと良く
マッチしている。

ノルウェー軍

ノルウェー軍M1116軽戦車
（AFVクラブ/inj+EP）
M24改造のノルウェー軍偵察用軽戦車、
ノルウェー軍MBTは独製レオパルド2を
配備しつつある。

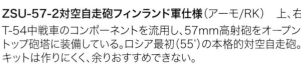

ZSU-57-2対空自走砲フィンランド軍仕様（アーモ/RK）上、右
T-54中戦車のコンポーネントを流用し、57mm高射砲をオープン
トップ砲塔に装備している。ロシア最初（55'）の本格的対空自走砲。
キットは作りにくく、余りおすすめできない。

276

(2)南北米大陸
ブラジル軍

EE-TオソリオP2戦車
(コーリー/RK&トランペッター/inj)
迷彩塗装を施している方がトランペッターで新型タイプをキット化している。ブラジル軍MBTである。

アルゼンチン軍タム軽戦車(FSC笹川作) 上、左
独軍マーダーIFV車体に105mm砲塔を搭載した軽戦車。武装はドイツより輸入され、自国で組立てている。フォークランド紛争時には試作車しかなく、これが多数配備されていたら、英軍陸戦隊は勝利しなかったと思われる。

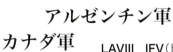

アルゼンチン軍
カナダ軍

LAVIII IFV(トランペッター/inj)
LAVのカナダ軍仕様で、増加装甲付きの水陸両用車。

カナディアン・クーガー装甲車(ホビーファン/RK)
砲塔は英国製スコーピオンの改修型を搭載し、車体は水陸両用タイプ。面白いことに車体前部に錨が設置されている。

レオパルドC2(タコム/inj)
レオパルド1を増加装甲タイプとしたカナダ軍仕様、現在のカナダ軍MBT。

(3) 東欧諸国
ポーランド軍

T-55AMポーランド軍仕様(対空ミサイル付き)
(タミヤT-55+SC　笹川作)
ポーランド軍事博物館別館「カチンの森記念館」に展示している車両をSC。砲塔と車体前面に増加装甲を張り、車体後部に六角棺桶型ケースに対空ミサイルが入る。

OT-64"スコッド"重装甲車ポーランド軍仕様
(アーモ/RK+EP)
チェコとポーランドの共同開発、生産された。BTR-60PBと同じ砲塔を装備し、7,500両も作られた。キットはとんでもなく難しく、特に主砲は他からの流用。

BTR-40APC(トランペッター/inj)ポーランド軍仕様、左側
ASU-85空挺突撃砲(トランペッター/inj)ポーランド軍仕様、ソ連で1950年に米軍M3 スカウトカーを参考に作られた。ASU-85はBTR-40とSU-76の後継に作られたが、70'より退役し、ポーランド軍に多数ゆずられている。

トパーズ2A IFV ポーランド軍仕様
(FSC笹川作)
車体はBTR-50PKを改造、ポーランド独自の水陸両用IFVとして、量産されている。本体はポーランド軍事博(ワルシャワ)に取材し、トラペ社のBTR-50PKよりSCしている。

SP26対戦車トラック"ベイビーキャリア"（ブロンコ/inj）
GAZ69後部に有線式ミサイルランチャーを搭載する。ソ連より旧東ドイツとチェコに供与された。

OT-65A"ビドラ"（オッター）　上、左、下
＆（パンツァーショップ/RK＋EP）左側
"ダナ"152mm自走砲　（パンツァーショップ/RK＋EP）

チェコの四輪軽装甲車と重装輪自走砲のキット化。DANAの組立説明と車両説明(動画)がCDRにセットされた最初のキット。これからのAFV模型をリードする企画である。

チェコ軍

チェコ軍ShM-120"プラム"120mm自走迫撃砲車
（パンツァーショップ/RK＋Mtl）
かなりオーバースケールなキットで作りにくく、余りおすすめできない。

T-55Cチェコ軍砲兵指揮観測車（スキフ/inj）

(4)西欧諸国
ベルギー軍

スコーピオンUN仕様&YPR-765AIFVベルギー軍仕様 左側(AFVクラブ/inj) 左、下 スコーピオンは英国製、YPRは米国製、(MⅡ3)共にベルギー軍仕様に改造している。

スペイン軍

ペガソVEC TC-25(ニミクス/RK)
上下車体間が2〜3mmあいてしまう雑なキットで、ニミクス社はもうなくなったが当たり前。

イタリア軍

C1アリエテ戦車(トランペッター/inj)上、左 イタリアはアメリカ製AFVですべて整備され、MBTはM60をライセンス生産しイタリア軍仕様としていたが、最近では自国製AFV、アリエテMBTとチェンタウロHACを主力装備としている。

280

チェンタウロ（ビクトリア/RK）
イタリア軍8輪重装甲車であり、隣国スペイン軍でも導入している。キットは高価であり、下で紹介しているトラペ社が安価でリリースしている。

チェンタウロ増加装甲型（トランペッター/inj）
増加装甲型はスペイン軍で多用されている。デカールが少し地味でもう少し美しいものが欲しい所。

伊軍プーマ偵察車（トランペッター/inj）
汎用小型装甲車とし現在イタリア軍が使っている迷彩塗装としている

ラテル1FV（ファイアフォース/RK）
南アフリカ連邦軍のHACであるが、ここに挿入しておく。派生型も迫撃砲車など数種類有る。この車両の出現により南アフリカの軍事的独立が強化されたと言われる。

281

(5)アジア諸国
韓国軍

K9 155mm自走砲(アカデミー/inj)

K-1(88式)戦車 (コーリー/RK)
K-1A1 MBT (トランペッター/inj)
K1FV (アカデミー/inj)
韓国軍主力AFVは国産とは言え米軍の影響を受けている。コーリーは、雑具箱、取手などワイヤー・ベンディグが大変なキット。トランペッター、アカデミーのK1A1とK1FVは以外に良いキットであった。

台湾軍

装備はすべて米国製の旧車両を使用していることがよく分かる。細部では台湾軍仕様にはしているが米国製。
M48H"勇虎"(AFVクラブ/inj)
M41A3台湾軍仕様(AFVクラブ/inj)

中国軍

戦後ソ連が開発したAFVのライセンス生産権を得て中国国内で生産した車両が多く戦力的にもマイナーな感じであり、キットも最近まで無い状態であった。近年、軍事力と経済力の発展と共にかなりレベルの高いAFVを生産所有するようになっている。
ここでは出現順に(年式順に)追って紹介している。

63式水陸両用軽戦車(イースタンエクスプレス
PT76+SC 笹川作)
ロシア製PT-76のライセンス生産であり、実車は韓国戦争記念館に展示されている。車体はほぼ同じであるが砲塔は85mm砲を装備した62式軽戦車の砲塔を搭載している。製作は運転席廻りの小改造と砲塔を自作している。

69式II中戦車(トランペッター/inj)
T-54の国産版である59式をベースとして、改良された戦車が69式である。主砲は100mmライフル砲を装備し、新型FCSを導入した型がII型である。

75式105mm対戦車無反動砲車(トランペッター/inj)
BJ-212野戦乗用車(トランペッター/inj)
86式WZ501式歩兵戦車(BJ212A)(トランペッター/inj)
ロシアBMP-1のライセンス生産型であり、全く同型車。

83式152mm自走榴弾砲　上中央と右下
DF-21 50tタンク輸送車　中央
89式120mm対戦車自走砲　左
89式122mm自走ロケット砲(以上トランペッター/inj)右
83式自走砲の車体を用いて両車が作られ、この後に対空型も作られたのだがキット化されていない。

DF-21中距離ミサイル運搬車(トランペッター/inj)
WZ551水陸両用装甲歩兵戦闘車(トランペッター/inj)
WZ991装甲警備車(トランペッター/inj) 前列左側

DF-21中距離ミサイル運搬車(トランペッター/inj)
発射のため仰角を上げて行く所。キットはかなり良好に作られている。

PTL02式対戦車自走砲(ホビーボス/inj)
6輪装輪装甲車であり、米軍ストライカーと同じ用途として使用されているらしい。中国軍車両キットはトランペッター社の独壇場であったが、最近ではホビーボス社が進出している。中国現用MBTの発展

85式-II中戦車(トランペッター/inj)左側
85式-IIC(AP)中戦車(トランペッター/inj)
85式-IIはトランペッター最初の戦車キットであり、接着剤が効かない材質で車輪は十字ネジで止める方式という作りにくいものだったが、85-IICは後発商品であり、実車同様改善されている。

98式主力戦車(トランペッター/inj)
85式同様125mm滑腔砲を備えた純国産の最新鋭戦車。99式への試作型と思われる。

284

99式主力戦車(A型)(ホビーボス/inj)　**ZLC2000空挺戦車**(ホビーボス/inj)

04'式水陸両用IFV(ホビーボス/inj)
ロシアのMBP-3に似た形状を持ち、かなり大型の車体ではあるが、キットはかなりオーバースケールであると思う。

99式主力戦車(B型)増加装甲型
(ホビーボス/inj)　上、左
98式を改良し、増加装甲を加えた最新の中国軍MBTである。

285

（6）オーストラリア

汎用装甲大型乗用車"ブッシュマスター"（ショーケース/inj）
07'からオーストラリア軍に299両配備された純国産の軽兵員輸送車である。乗員9名で6種の多用途車が有る。このキットは珍しくオーストラリア製の会社が作っている。

1/24 センチュリオンMKⅢのカットモデル（タミヤ/inj）後藤恒徳氏作。オーストラリアは長年に亘り、センチュリオンを使っていたが、現在では全て独製レオパルドⅡに変換している。IWM（ロンドン）のロビーにそのセンチュリオン実車のカットモデルが置かれている。この実車を取材し、キットをカットして作り上げている。実に戦車の内部がよく分かるので最後に載せてみた。

センチュリオンMKⅢ　左側

右側

「発刊に寄せて」

文　土居雅博　　（JAMES会長）

東京・文京区の笹川さんのご自宅に開設されているJAMESコレクションは、1/35スケールの戦闘車両模型を展示した博物館としてはおそらく世界でも唯一で最大のものです。部屋には入った瞬間に目に飛び込んでくる、壁面に作りつけられたガラスケースに整然と展示された2000両ものAFVモデルの迫力に圧倒されてしまいます。現在では入手が困難になってしまったキットやほとんど完成品を見ることのない少量生産のガレージキットなど、すべてを完成した姿で見ることができるのですからAFVモデルファンにはまさに天国のような場所なのです。私も、もう数え切れないほどおじゃましているのですが、そのたびにいつも時間がたつのも忘れて見入ってしまいます。

　笹川さんは歯科医の忙しい仕事の傍ら、インジェクションプラスチックキット、レジン製ガレージキットを問わず、月に数点のAFVモデルを完成させるという非常にエネルギッシュなモデリングをずっと続けられてします。また、世界中の戦車博物館を訪ね歩いて資料の収集も続けられています。AFVモデル作りを趣味として心の底から楽しまれ、またこの趣味の社会的地位の向上のための活動を継続されている姿には、共感というよりも憧れをいつも感じています。

　笹川さんの40年以上にも及ばんとするAFVモデリングの集大成とも言うべきJAMESコレクションを、戦車の歴史と共に紹介したのが本書です。古今東西の1/35AFVモデルを一堂に会したカタログや戦車の発達史図鑑として楽しめるのはもちろんですが、その完成模型の数々から笹川さんの模型作りに対する情熱、AFVモデルを楽しんでいる姿勢に触発されて、自分もまた何か作りたくなってきます。本書を手にされたみなさんも、ページをめくるたびに戦車模型を作りたくなっている自分を発見されていることと思います。

☆あとがき

文　笹川　俊雄

　このたびの新刊では、MV（軍用乗用車）は旧著で紹介したので省略し、戦車のみならず、自走砲、装甲車を含むAFV史を模型で再現してみました。上田信先生の旧著「戦車メカニズム図鑑」に描かれた戦車のすべてを作り終えた時、先生から新刊「世界の戦車メカニカル大図鑑」（大日本絵画刊）と表紙原画を頂きました。新著には、描き増した多くの車両が見られ、これが憎い事に、AFV史上エポックメーキングな上に、私は非常に興味を覚える車両ばかりであった。その上、あとがきで私をけしかけ「追加した車両のチャレンジを！」と。メーカーのキットで、作っていないキットは無い私のこと。それではもうひと頑張りと、ここ3〜4年、悪戦苦闘のFSC。お陰で、JAMESコレクションも充実、完璧になったと自負している。

　後は、このコレクションを保存展示し、管理出来るミュージアムを作ってくれた方に無償で寄贈したいと思う。（現時点では、御殿場防衛技術博物館が名乗りを上げてくれている。）但し、展示する際、及び、今後の新キットの陳列とアフターはボランティアで私みずから行ない、AFVファンの皆様に見て、楽しんで頂きたいと願っている。

　（私の拙著を購読して下さった方に感謝します）

☆参考文献

　「ジャーマンタンクス」富岡吉勝氏訳/監修」（大日本絵画社刊）、「J-Tank」下原口修氏編（ジェイタンク将校集会所刊）、「LAND-SHIPS」平賀草城氏著（自費出版）、「日本の戦車」原乙末朱、栄森信治、竹内昭氏共著（出版共同社）等、他の文献は旧著を参照（頁の都合上、省略する事をお許し下さい）されたい。

[著者紹介]

笹川 俊雄　Toshio SASAGAWA

■ 1945年、東京都文京区生まれ、開成学園高校在学中から模型作りを趣味とする。1970年、日本歯科大学卒業、歯学博士（薬理学）。文京区小石川にて、笹川歯科医院を開業。1990年JAMESコレクション開設、JAMESニュース・レター を発行。著書:「パンツァー・ファイル92」「世界の戦車・軍事博物館」「プラモデルで見る世界の戦車史2000」「ウォッチ・ザ・パンツアー（ドイツ戦車を見に行こう）」（共に大日本絵画刊）

新 プラモデルで見る世界の戦車史　AFV History of the World

発行日　2018年2月28日　初版第一刷

企　画	JAMES　〒112-0011 東京都文京区千石1-29-8
著　者	笹川 俊雄（模型製作）
監　修	土居 雅博（ディオラマ製作）
編　集	竹中　求
発行者	小川 光二
発行所	株式会社 大日本絵画 http://www.kaiga.co.jp
	〒101-0054 東京都千代田区神田錦町1丁目7番地
	tel:03-3294-7861（代表）fax:03-3294-7865
協　力	JAMES会員 （順不同・敬称略）
	上田 信 画伯（表紙画）
	青木周太郎　熱田 育男　上田 昌夫
	小野山康弘　小見野 勝　小池 一郎
	高栄 正樹　後藤 恒徳　櫻井 敦文
	下原口 修　髙橋　司　真中 一光
	平賀 草城　巻口　薫　俣賀 清人
	三浦 正貴　仲田 裕之　岩浪 暁男
	（DVD製作）今長 信浩　中村 満幸

印刷・製本　株式会社 カロン企画
　　　　　　〒116-0031　東京都荒川区荒川2-4-3
　　　　　　tel:03-3807-1033 fax:03-3807-1037

原稿作成　潔企画Co.

2018 笹川 俊雄・大日本絵画

ISBN978-4-499-23230-2 C0076

■本書に掲載された記事、図版、写真等の無断転載を禁じます。
内容に関するお問い合わせ先:上記 JAMESまで文書でおねがいします。
販売に関するお問い合わせ先:03(3294)7861 （株）大日本絵画